U0921761

善待情绪

听见内心的声音

高源◎著

黄河出版传媒集团
阳光出版社

图书在版编目（CIP）数据

善待情绪 ：听见内心的声音 / 高源著. -- 银川 : 阳光出版社, 2025. 1. -- ISBN 978-7-5525-7614-6

Ⅰ. B842.6-49

中国国家版本馆CIP数据核字第20245ZA446号

SHANDAI QINGXU: TINGJIAN NEIXIN DE SHEHGYIN

善待情绪：听见内心的声音　　高源　著

选题策划　薪火创客
责任编辑　徐文佳
封面设计　刘红刚
责任印制　岳建宁

黄河出版传媒集团
阳　光　出　版　社　出版发行

出 版 人　薛文斌
地　　址　宁夏银川市北京东路139号出版大厦（750001）
网　　址　http：//www.ygchbs.com
网上书店　http：//shop129132959.taobao.com
电子信箱　yangguangchubanshe@163.com
邮购电话　0951-5047283
经　　销　全国新华书店
印刷装订　天津创先河普业印刷有限公司
印刷委托书号　（宁）0031332

开　　本　880 mm × 1230 mm　1/32
印　　张　8.5
字　　数　180千字
版　　次　2025年1月第1版
印　　次　2025年1月第1次印刷
书　　号　ISBN 978-7-5525-7614-6
定　　价　68.00元

自　序

今天，“情绪”早已成为全民热门话题。“焦虑”“抑郁”成了大众普遍关心的议题，公众号上，诸如“控制情绪，从来都不是靠忍”“调节情绪的 9 条建议”“比病毒传染更可怕的，是情绪传染”这一类的标题，总能获得大量的阅读和转发，而我在直播间讲情绪类主题的时候，也常常获得比其他主题更多的关注和流量。

人类不是今天才有情绪的，可为什么近些年人们面临的情绪问题似乎多了很多呢？这一切，本质上是因为生活方式的变迁。从原始社会，到农业社会、工业社会，再到今天的信息化社会、人工智能社会，人们的生活方式改变得越来越快，而不同的生活方式，就会引发不同的情绪，有一些情绪如果不能在个人心智层面得到及时的化解，就会演变成心理问题，甚至是精神疾病，对身心造成巨大的影响。以“恐惧”这种情绪为例：在原始社会的丛林生活中，“恐惧”这种情绪可以让我们的祖先对其他动物保持警觉、尽早发现危险并及时逃生；到了农业社会、工业社会的群居生活中，“恐惧”这类情绪更多地用于处理人际关系，以在复杂的社会中保全自身；在今天的信息化社会生活中，“恐惧”这类情绪却被大量用来应对 VUCA（Volatile 易变的，Uncertain 不确定的，Complex 复杂的，Ambiguous 模糊的）时代的巨量信息，以至于由“恐惧”作为底色的情绪（包括“担忧”“焦虑”）变成了人们日常生活的主导情绪。除了“恐惧”这类情绪以外，与“悲伤”有关的情绪，如“抑郁”“失望”等，以及与“愤怒”有关的情绪，如“急躁”“暴怒”等，都在不断地影响着人们的生活品质，威胁着人们的心理健康。

处理这些情绪是很容易进入误区的。最常见的误区有三个：

其一，情绪下乱动。由于负面情绪的驱动，不断地采取行动去改变外在环境，比如由于焦虑而不断行动，由于悲伤而持久哭泣，由于愤怒而经常争吵，这些处理方式的共同点是被情绪所操控，看似情绪有了行动的出口，却是由于情绪的影响导致理智减少或动作变形，当外部环境不能被行为所改变时，巨大的挫折和伤害将会接踵而至。

其二，压抑和隐忍。当人陷入负面情绪时，容易无意识进行自我压抑，对外采取看起来和善甚至讨好的姿态，“如果我不表露任何负面情绪、不引起任何冲突，我就不会被伤害”这种处理方式符合传统提倡的“包容”“忍耐”“克制”，但会引起诸多的负面效果，比如“人善被人欺”，而且长期的压抑隐忍会导致心理问题，甚至是身体上的淤堵或是病变。

其三，想迅速摆脱。当人觉察到自己有负面情绪时，就想迅速解决或者摆脱它。尤其是有一些已经走上自我成长道路的朋友，对于自身情绪尤为关注，他们常常想通过自身努力“摆脱内耗”“放下焦虑”，活出松弛自在的状态。这种愿望当然是很好的，但内在成长的规律是，“努力往往会将真实的自我推开，而放松才能体会到身心的整合”，换句话说就是，“越努力，离道越远”，反而“放松与接纳，才能促进心智的成长”。这并不难理解，因为想“摆脱内耗”“放下焦虑”这种驱动力本身就带着焦虑、抗拒和控制感，恰如宋代黄庭坚在《拙轩颂》中所说的，“头上安头，屋下盖屋，毕竟巧者有余，拙者不足”。

这本《善待情绪：听见内心的声音》，正是为了给有情绪困扰的朋友指明一条清晰的处理道路。针对“情绪下乱动”“压抑和隐忍”“想迅速摆脱”这三个常见的误区，我总结了一条“善待情绪”的道路。“善待情绪”，其实是善待那个“不够完美的自己”，善待那个“曾经受伤的内在小孩”，我们既不需要被它所控制，也不需要长期把它关在小黑屋，更不需要迅速地搞定它。我们只需要好好去爱它。

怎么做呢？可以有五个大的步骤：认识情绪、觉察情绪、探索情绪、调节情绪、善用情绪，这正是本书的五个章节。这本书并没有很大的理论创新，也没有高大上的专用名词，它所有的，就是用朴实的语言，讲述生活中常见的情绪现象，以及我们普通人可以用得上的实际方法。这套方法，是我在过去 15 年的线下实用心理学的教学当中反复验证过的，也在近些年的网络课程中被学员们广泛传播，是可以称得上“简洁、有效”的方法。愿你在阅读本书的过程中，能有某个瞬间链接到自己。

书中错漏之处在所难免，请不吝批评指正。

高源
于上海幸福家园
2025 年 1 月 12 日

他　　序

情绪，如同人体的调色盘，五彩斑斓，也暗藏玄机。在这个纷繁复杂的世界中，我们每个人都是情绪的舞者，时而欢愉，时而悲伤，时而愤怒，时而焦虑，如同走钢丝的演员，在情绪的钢丝上翩翩起舞，既享受着舞蹈的美丽，也承受着跌落的危险。

《善待情绪：听见内心的声音》这本书，就像一位高超的画师，以细腻的笔触描绘情绪的千姿百态，并为我们提供了一整套调色板。高源老师在书中不仅呈现了情绪的特点，还解析了情绪的科学成分，让读者明白每一种情绪的能量与影响，帮助我们调配出属于自己的情绪色彩，进而绘出丰富多彩的人生画卷。

本书的作者高源是清华大学心理系的硕士研究生，他在课堂上的积极表现和对心理学的深入探究，让我对他的潜力充满期待。在进入清华大学之前，他对心理学的各个流派已有相当深刻的理解，他怀揣着普及心理学的初心，坚持将各种心理问题简单化、通俗化，努力让更多人了解并受益于这一学科。在我的课堂上，他总能提出极具价值的问题，展现出他对心理学知识的渴望和探索精神。记得有一天课后，他将自己撰写的书《搞定自己》送给我，并希望我给予专业的反馈。阅读后，我被他深入浅出的写作风格和独到的见解所折服，对他为普及心理学所做的努力深感敬佩。

《善待情绪：听见内心的声音》是高源老师多年心理学研究与实践的结晶。这不仅是一本情绪管理的指南，更是一本引导我们认识自我、掌控情绪、活出精彩人生的智慧之书。书中结合了丰富的心理学理论和案例，深刻探讨了情绪的本质及其对生活的影响。高源老师以清晰的逻辑和生动的语言，帮助读者理解情绪的起伏，并提供了切实可行的方法来应对情绪带来的挑战。

高源老师指出，情绪并非简单的“好”或“坏”，而是人体对需求满足程度的反应，是身体和大脑共同作用的结果。它既是信号灯，提示我们关注身体状态，也是信使，传递着我们的需求。书中对当代社会问题的解读，既尖锐又深刻。面对竞争激烈、压力巨大的现代社会，焦虑和抑郁等负面情绪已成为普遍现象。人们往往习惯于压抑情绪，或将其转移、释放，却不知这只会导致更大的问题。书中提供了有效的情绪管理手段，包括觉察情绪、给情绪命名、ABC 情绪法则和调节情绪等方法，可以帮助我们更好地认识和接纳情绪，并找到合适的方式表达情绪。

此外，书中鼓励我们善用情绪，激活情绪能量。 高源老师认为，情绪并非敌人，而是朋友，蕴含着我们的天赋和需求，指引着我们走向更好的自己。正如《道德经》所云:“人法地，地法天，天法道，道法自然。”我们应顺应自然，理解情绪的规律，而不是与之对抗。情绪如四季更替，时而欢喜，时而悲伤，时而愤怒，时而畏惧，皆是自然的表现。我们应学会接纳和调节这些情绪，使其成为推动生命前行的动力，而非生活中的绊脚石。

书中有几个特别的案例让我印象深刻。例如，作者探讨了现代人“刷手机”的现象。当人们在无聊、空虚时，会习惯性地拿起手机，通过刷朋友圈和看短视频来消遣时间。这种行为看似无害，实则隐藏着巨大的风险。高源通过对这一现象的解读，揭示了多巴胺上瘾的本质，以及如何用更健康的方式应对无聊和空虚。他建议，无论有多忙、多焦虑，都要走 20 分钟的路，远离手机，放空思绪。通过这一方式，我们可以逐步缓解焦虑，重新与自己的情感建立联系。这部分内容强调了提升情绪觉察力。

另一个重要观点是，书中对压抑、失控和自责这三种情绪管理的误区进行了深入探讨。高源老师强调，情绪并非单一的、孤立的事件，而是生活中的连续性体验。通过积极觉察情绪和充分理解自己的感受，我们便能逐步学会掌控自己的情绪，避免陷入自责和困扰。正如古语所说："不怕念起，惟恐觉迟。"只要能够及时识别和理解情绪反应，我们就能从其负面影响中解脱出来，逐步实现对情绪的有效管理。

在这本书中，读者会发现一条重要的自我探索之路，即"听见内心的声音"。这不仅是对情绪的觉察与理解，更是寻找自我的过程。高源老师引用古语："知人者智，自知者明"，强调了自我认知对于情绪管理的重要性。认识内心的真实声音，才是作出明智选择、活出精彩人生的基础。

这是一本值得推荐的书籍，它不仅能帮助我们更好地理解与管理情绪，还能引导我们走向更充实、幸福的人生。在这场人生的旅行中，让我们学会善待情绪，倾听内心的声音，将情绪转化为生命中最美的风景，实现自我成长与蜕变。 我强烈推荐每一位对心理学感兴趣的读者认真阅读本书。无论是希望改善情绪管理能力，还是希望深化对自我认识的理解，这本书都将为您提供宝贵的经验。相信在这本书的指引下，我们都能在情绪的旅途中，找到那份属于自己的宁静与智慧。

钱静

清华大学心理与认知科学系 副教授

2024 年 12 月 28 日

Contents
目录

第一章
认知：理解情绪本质

第二章
觉察：看见情绪存在

第三章

探索：读懂情绪内核

第四章
调节：转变情绪表达

第五章

善用：激活情绪能量

第一章

认知：理解情绪本质

情绪是人对需求是否满足的心理活动，是身体给我们发出的信号，也是身体保护自己的方式。

情绪，是身体给予的信号

什么是情绪?

在科学家眼中，情绪是人类大脑和身体对所接触外界事物给出的反应和行为。

在艺术家眼中，情绪是推动思维发展、点燃灵感火花的精神力量。

在普通人眼中，情绪是心情所处的体验状态，它时好时坏，经常受到外界影响。无论是快乐、激动，还是担心、害怕，或是惊讶、愤怒，只要人处于世界和社会中，就会不断重复这些体验。这些体验，构成了丰富多彩的情绪，影响甚至左右我们的行为，在我们决策的前后，扮演着重要的角色。

但归根溯源，情绪应该是身体给出的最早的信号，这是情绪最基础的作用。情绪总是与人的身体感觉同时产生，随之立即传递到大脑。

情绪，既是人对客观事物产生的心理活动，也是身体爱和保护我们的方式。

情绪，身体状态的信号

在人生的一些重要时刻，例如，毕业后的第一次面试、工作后的第一次演讲、恋爱时的第一次牵手……很多人会感到呼吸加快、心跳加速，手心不由自主地出汗，随之感觉紧张、焦虑。总之，身体状态与平常截然不同。

在类似时刻，情绪其实是在向我们传递身体信息的信号灯，它在我们脑海内不断闪烁，告诉我们需要重视身体的状态，并加以努力调整。例如，“我的身体僵硬”“我的表情不自然”，所以“我需要放松一点”“我需要集中注意力”。

作为反映身体状态的信号，情绪并没有客观的是非标准。一个人处于不同的身体状态下，会释放出不同的情绪，无论是喜还是怒，都不能用“好坏”的价值标准来衡量。从科学的角度出发，诸如紧张、沮丧、痛苦、悲伤等情绪尽管被命名为“消极”，但它们同所谓的“积极情绪”一样，都是人体在客观环境中形成的反应机制，同天冷了会打喷嚏、天热了会流汗的生理机制一样，是人体面对不同状态时最真实、最自然的流露。

例如，当一个人首次踏上工作岗位，众目睽睽之下，他的内心很可能发出信号：“怎么办？我能不能做好？”这种信号代表着身体对即将到来的工作的积极准备，信号本身也会告诉大脑：“接下来必须全程投入，才能配得上身体的努力。”

尽管焦虑、紧张的信号可能在当时会给他带来不佳体验，但其引发的力量却很可能促使他全身心投入工作，开始踏上成熟职场人的历练之路。因此，情绪是人体客观存在的反应机制，它传递出的信号都是合理存在的，是好是坏并不能用绝对标准去衡量。

情绪：身体感知环境的信号

即便是在普通的生活情境里，身体也会因为突然感知到外界的变化，自然而然地产生新的信号，进而形成不同情绪。

走在回家的夜路上，如果听见路旁树丛中有索索作响的动静，身体很可能会汗毛倒竖，起鸡皮疙瘩乃至心跳加速、手脚冰凉。此刻耳朵、眼睛所捕捉到的信息，会从身体传向大脑，引发紧张、恐慌的情绪。

当你早晨起床，身体感觉充满活力，就会自然而然地引发“今天我很好”的信号，如果此时集中注意力感受这个信号，就会真的感觉开心、兴奋。相反，如果身体感觉沉重无力，也会引发“今天我好累”的信号，忧郁、沉闷的情绪将随之掌控你的身心。

每种情绪都会带来重要的信号，提示我们了解到身体正在对外界刺激采取应有的反应，从而正确面对那些即将或已经发生的变化。例如，恐惧情绪是身体准备逃离的信号，喜悦情绪是身体正在兴奋的信号……情绪最原始的功能是确保我们能在各类环境下生存，而越是被普通人定义为“负面”的情绪，如愤怒、焦虑、惊慌等，越是有可能在传递关系到安全生存的信息，越是具有重要价值。

情绪：需求是否满足的信号

思考是人类大脑所具备的独特机能。作为身体的重要器官，大脑的运作原理至今未被科学家完全破解。但有一点是明确的：大脑可以通过判断需求是否满足来产生信号并嬗变成人类能明显感受到的情绪。

需求是否满足这一前提条件，意味着哪怕身体其他器官感受到的刺激完全一致，只要大脑介入判断，就可能产生截然不同的情绪。

清晨，你踏进电梯，看见那里站着熟悉的同事。同事抬起头冲你笑了笑。视觉神经迅速将眼球捕捉到的信号传递给大脑，大脑展开了思维分析。

如果对方向来令你讨厌，你的思维会告诉你："今天她（他）又要出什么幺蛾子了。"于是你不知不觉捏紧拳头，肌肉紧张，眉头皱了起来。这种身体变化会带给你新的情绪，可能是厌烦感，也可能是不安感。

但是，如果对方向来让你欣赏，你的思维则会告诉你："她（他）今天看起来挺不错。"于是你不知不觉展现笑容，松弛面部肌肉，甚至瞳孔放大。这种身体变化带给你正面的情绪感受，可能是欣喜感，也可能是期待感。

我们的眼睛认为"见山是山、见水是水"，但我们的大脑却"见山不是山、见水不是水"。大脑思考之后发出的信号，将会主宰我们的情绪，尽管思考过程或许异常短暂，乃至于我们无所察觉。

当然，生活中也存在大量需要大脑仔细思考需求，再发出情绪信号的案例。

周日早上七点半，你被雨点敲打玻璃的声音吵醒。你感到烦躁，因为你最讨厌休息日这么早就醒来。

你清醒了一下，想到了一件事：根据周五的通知，由于今天天气不佳，部门的户外团建活动将自动取消。今天可以美美地睡个懒觉，不用参加那种充满形式主义的团建了。你舒了一口气，感到开心。

正当你翻了个身，打算继续享受美梦时，大脑却提醒你：昨晚在酒吧喝得太多、回来得太迟，忘记收窗外晾晒的衣服，而且是你最喜欢的那件！

从醒来到现在，随着思考方向的变化，你的情绪从烦躁到开心再到急迫后悔，犹如从洼地攀向山巅，却又跌入了郁闷的谷底。而窗外的雨声却从来没有变过。

面对同一个对象、同一种事物的刺激，我们会通过思考，发现自身的不同需求，再基于这些需求的差异，对同一种刺激产生不同情绪。

例如，在电梯里，社交安全的需求非常重要，所以对讨厌者的出现感到不安；而发现喜爱者的一瞬间，社交安全需求得到满足，就产生了令人安心的情绪。

因此，情绪也是大脑告知我们需求是否获得充分满足的信号。它能帮助我们了解自身需求，带来追求变化的力量。有时，这种信号是身体在协助我们表达需求、与人沟通，通过沟通才能与人友好交换满足需求，达成融洽的局面。如果没有意识到情绪的这一意义，沟通方向就会产生问题，造成误会乃至矛盾。

情绪：与思维信号有区别

情绪是身体给出的信号，但它并非唯一的信号，尤其与思维信号有区别。

如果你对情绪缺乏足够认识，就很容易将其与大脑在思考判断后给出的信号混淆，甚至因此无法认清自己当下的情绪。最终，你只能选择压抑这种信号，转而只表达思维信号。很多人都习惯于将情绪区分为“好的”“坏的”“正面的”“负面的”，然后对某些情绪刻意回避和抑制。

我曾经向学员们提出这样的问题：“设想一下，多年努力的你终于升职加薪，此时你将如何表达情绪？”

很多学员不假思索地说“太好了”“太爽了”“真棒”。但我告诉他们，这些并非情绪信号，只是你启动了多年浸润职场而构建的经验体系，对事情进行价值评判后给出的思维信号，却并非情绪信号。

我提示他们：“再设想一下，当你升职加薪后身体会产生怎样的变化，这些信号才对应表现着情绪本身。例如，你感觉心跳加速、身体发热，你想要哈哈大笑、手舞足蹈……”

立即有人说“我感觉激动”“我觉得兴奋”。

没错，这些才是情绪的信号。

我告诉学员们，很多时候，大家都在犯同样的错误，即很少问自己“我现在情绪如何”，而是问“这件事怎么样”“这个问题应该怎么办”。过多地关注思维信号的“好”或“坏”，却忽视了如何感受、管理和表达情绪信号。短期看来，这或许没什么问题，但一个人若长期用忽视消极的方式压制情绪信号，其思维空间必然会逐渐被压缩。所以，只有能细致理解情绪信号的人，才能健康地管理自我，对外准确传递自己，建立更圆满的人际关系。

情绪如同信使，它发出的每一颗信号弹都来自周围环境，也来自我们的身心。我们只有妥善接收这些信息，采取有效的处理方式，情绪才会为你作出贡献而非打扰。

那么，普通人如何科学观察和处理情绪信息？这正是本书要和大家分享的。

情绪，是一种特殊的能量

情绪的本质是能量。即便是大家认为的“负能量”情绪，也同样蕴藏着能量。

著名心理学家大卫·R.霍金斯（以下简称霍金斯）经过多年研究情绪的能量等级，列出了人类情绪能量等级表（如下表）。

表 1-1　人类情绪能量等级表

能量层级	对数值	情绪	过程
开悟	700~1000	不可言表	纯意识
平和	600	幸福	启发
喜悦	540	宁静	理想化
仁爱	500	敬重	心灵启示
理性	400	谅解	抽象
宽容	350	宽想	卓越

续表

能量层级	对数值	情绪	过程
主动	310	乐观	意图
淡定	250	信任	放松
勇气	200	肯定	激励
骄傲	175	轻蔑	自 负
愤怒	150	憎恨	侵略
欲望	125	渴望	奴役
恐惧	100	忧虑	退缩
悲伤	75	遗憾	失望
冷漠	50	绝望	放弃
内疚	30	责备	毁灭
羞愧	20	耻辱	消逝

在霍金斯的评价体系中，所有的情绪都具备能量。他将不同的情绪能量用数值进行表示，数值为 0 ～ 1000。其中，0 ～ 200 的情绪包括愤怒、恐惧、悲伤等，200 ～ 1000 的情绪有勇气、平静、愉悦等。前者给人带来的感受不佳，而后者能给人带来良好感受。愤怒、恐惧、悲伤与情绪也能产生能量，其关键在于你如何去处理它。

举例而言，当你对自己困窘的生活状态感到愤怒时，如果处理不好，就可能到处发泄、出口伤人、做事极端甚至失去理智，如此就只能产生破坏性结果。但如果你将这种愤怒情绪转化成为向上的力量，让你决心摆脱糟糕的生活状态，你就会努力进取，激励自己，提升工作品质，愤怒就能产生正向的结果。

从能量角度来看，所有的情绪本质都是一样的，并没有好坏之分。这就如同水、火、电的能量一样，善加运用就能造福人类，肆意妄为只会危害众生。人们读懂情绪，并不是为了彻底压制和消灭负面情绪，而是为了学会正确解读负面情绪，引导它们的能量尽可能多地转化为正向价值。

情绪，可以隔空传递

情绪能量是会隔空传递的。不只是人和人，动物也有传递情绪的功能。你如果喜欢猫猫狗狗，你就能感受到它们所传递的情绪。所以，人既是制造情绪的主人，也是接收情绪的客人。有时候一段悲伤的剧情，能让所有人为之哭泣；世界杯的一个进球，能让所有人情绪高涨；坏人的恶意煽动，能让人们群情激昂；领袖的一句号召，能让迷茫中的人们重拾信心。所以，情绪这种能量很奇怪，我没有给你任何东西，只是冲你微笑了一下，就给你传递了喜悦的情绪，让你也心情愉悦了起来，就像变魔术一样，这就是能量。因为人们既能制造情绪，又能接收情绪，所以，现在你就知道高情商和低情商的本质是怎么回事了，所谓低情商，就是对情绪不熟悉，管理不好也不善于传递情绪，低情商的人，往往自己容易陷入 200 以下的低能量，并把这些低能量传染给别人；高情商呢，就是善于创造能量值 200 以上的情绪，并且把这些情绪持续地传递给别人。“情绪”

这个东西真的是太有魔力了。我记得小时候看武侠电视剧，感到最神奇的功夫，就是点穴，一根指头戳到别人的定穴，对方就马上定住了。后来看《西游记》，觉得更神奇，孙悟空喊一声“定”，小妖怪就定住了。再后来看一些荒诞的电影，看到两个人打得不可开交，远处来一个高手喊一声“住手”，他们就立马不打了。那时候我觉得很好笑，哪里你喊住手别人就真的会住手呢？

但今天，当我们来探索情绪背后的力量的时候，你就可以发现，情绪的传递是有一种气场的，甚至“它”的力量可以比孙悟空喊一声“定”还厉害。比如，一个学员说她常常观察她儿子，他老想到家里的厕所里去玩，她就说“不要进去”。同样是说“不要进去”这句话，如果妈妈带着开玩笑的语气说，儿子就不理会妈妈，但如果妈妈语气中带了一点愤怒，儿子就会立刻停在厕所门口。情绪所隔空传递的能量就是这么神奇。

情绪，分为原生情绪和衍生情绪

正如人的味觉是由许多种微妙的体验构成，人类的情绪也同样复杂。情绪很少单一出现，叠加才是情绪的常态。

原生情绪和衍生情绪

人类的情绪并非总是单一的，当不同情绪混合在一起时，叠加情绪就形成了。日常生活中常见的“又气又恨”“爱恨交织”“心乱如麻”等词语，就是用来描述情绪的这一状态。

情绪经常因叠加而形成，叠加又导致情绪更容易控制人们，也更难以调节。如果你想提升对情绪的觉察力，就必须看清楚这些混合在一起的情绪分别是什么，然后才能逐步分解、调节和驾驭不同情绪。

心理学家认为，情绪可以分为原生情绪和衍生情绪两种。

原生情绪，是指个体对不同事情的第一反应，侧重于发挥情绪的原始功能，是人们对事件作出的本能反应，很难加以改变。一般而言，原生情绪都并不复杂，也不需要教育、学习。只要是健康的正常人，都能感受到原生情绪，包括愉悦、担忧、愤怒、伤心、羞愧等。

衍生情绪，又称为派生情绪。它是个体对原生情绪“认识”和“加工”后形成的新情绪，可以看成个体因情绪而产生的情绪。与原生情绪相比，衍生情绪要更加复杂，它是不同情绪的混合与过滤，也是原生情绪的叠加。

当人们遭遇相同事情时，第一时间会产生相近的原生情绪。但由于不同的个性特征、生活经历和思维方式，导致人们对这种原生情绪的观点、看法各有不同，并最终产生不同的衍生情绪。

因此，原生情绪属于“适应”，是人们为适应环境而在千百万年进化中形成的本能。衍生情绪则属于“反应”，是人们在本能反应后形成的防御或者攻击。如果不能正确面对衍生情绪，它就有可能掩盖你的真实想法，让情况变得更加复杂。

下面是一个很常见的例子：

周六中午，你开车带着朋友前往郊外。此时你情绪愉快明朗。突然，前方一辆大车蛮横地抢道，你赶紧避让，吓了一跳。一瞬间，你感到愤怒的火苗腾地燃烧起来……

这个过程看似简单，但同时活跃着原生情绪和衍生情绪。原生情绪是“恐惧”，当你被抢道时，所有车祸惨状的印象都浮现在潜意识中，这让你感到心跳加速、呼吸急促，使你由于害怕而选择立即避让。当确认自己安全之后，你会由于遭遇了突如其来的恐惧，而感到被冒犯。你甚至认为对方胡乱抢道的行为是有意的无理挑衅。

开车被抢道事件中，你的原生情绪是恐惧，衍生情绪则是愤怒。

还有另一个常见的例子：

在校友聚会时，当你试图举杯和身边人说话的时候，却被一位颇具魅力的同学抢走了话题。身边人都忙着和她（他）交流，没人在意你刚才说到了哪里。你感到有些生气，心想着“这些人凭什么如此对我？”

其实，这种生气感同样是衍生情绪。它的原生情绪是由于被忽视而产生的孤独、悲伤、自卑等情绪。

衍生情绪就像原生情绪的面具，有着不同程度的欺骗性。当你仅仅看到衍生情绪时，就会忽视在它之下更深层次的原生情绪。换而言之，由于衍生情绪带来的感受更强烈，很容易吸引你的大部分注意力，让你无法看到更为微妙的原生情绪。这也是你为什么无法解决情绪问题的重要原因。

在工作中，衍生情绪也经常会来“捣乱”。

眼看项目截止日期即将到来，但你的同事还在拖拖拉拉，不仅不配合工作，还用各种借口找理由。此时，你感到生气。

表面上看，你是出于对工作的负责态度而愤怒。但这真的是原生情绪吗？答案是否定的。你只需仔细思考就会发现：如果是与你无关的任何人拖延工作，你都不会生气。由于对方和你无关，所以你很难会对之产生原生情绪，也就没有衍生情绪随之产生了。

很多情况下，无论生气的情绪到来得有多快，有多像“本能”，但它依然是衍生情绪。在生气之下，隐藏了更为微妙的情绪，那就是担忧。

当你看见同事的工作态度时，你最先想到的是工作能否及时完成，怎样向上级交代，自己得到的评价将是什么……

当然，你也可能想到自己和对方的关系，你没有想到对方如此对待自己，也没有想到对方还会找各种借口……

如果你想到的是第一种，原生情绪就是担忧。

如果你想到的是第二种，原生情绪就是伤心。

无论是其中哪一种，都造成了衍生的“愤怒”情绪。这种情绪经常来自人们内心的原生情绪，当原生情绪对人们产生压力，就会形成更强烈的衍生情绪。而愤怒之所以很难被控制或化解，归根结底也是由于原生情绪没有被识别。

四种基本情绪：喜、怒、哀、惧

情绪的种类多种多样，不过许多心理学家认为情绪可以被简化为一些基本的情绪，其中四大基本情绪的说法流传较广，其他复杂的情绪，都可以视为这四种情绪的混合。

1. 四大基本情绪

（1）喜悦。

一种积极的情绪状态，通常与愉快、满足和幸福感相关。喜悦的情绪表现通常包括微笑、愉快的面部表情和轻松的身体语言。它通常来自成功的经历、社交互动或个人成就等。

（2）愤怒。

一种强烈的情绪反应，通常是对不公平、威胁或挫折的反应。愤怒的表现包括眉毛紧皱、呼吸急促、肌肉紧绷，可能伴随着对抗或攻击性行为。这种情绪的生物学功能可能在于保护自己免受威胁或争取公平。

（3）悲伤。

一种消极情绪，通常与失落、痛苦或失败相关。悲伤的表现可能包括哭泣、情绪低落、活动减少。这种情绪可以促使个体处理失落或寻求社会支持，通常与心理恢复过程有关。

（4）恐惧。

一种对潜在危险或威胁的反应，通常伴随着逃避或防御的行为。恐惧的表现包括眼睛睁大、呼吸加快、心跳加速等，这些反应帮助个体迅速作出决策以避免危险。恐惧有助于生物体在面对威胁时保护自己。

2. 其他情绪

（1）焦虑。

组合：恐惧 + 一点悲伤

解释：对未来的不确定性或潜在威胁的持续担忧，主要基于恐惧，可能伴随少量无助感。

（2）嫉妒。

组合：愤怒 + 恐惧 + 悲伤

解释：对他人的优势或关注感到不满，担心失去，同时对自己现状感到悲伤。

（3）希望。

组合：喜悦 + 恐惧

解释：对未来正面结果的期待，伴随着对不确定性的担忧。

（4）内疚。

组合：悲伤 + 愤怒 + 恐惧

解释：对自己的过错感到懊悔，同时担忧对他人或自己造成的后果，并伴随自责情绪。

（5）失望。

组合：悲伤 + 愤怒

解释：对未实现的期待感到失落，同时对现实状况产生不满。

（6）怀疑。

组合：恐惧 + 悲伤

解释：对决策或未来的不确定性产生的担忧，伴随着对错误或失误的悲伤。

（7）孤独。

组合：悲伤 + 恐惧

解释：与他人断绝联系，伴随失落和对孤立的恐惧。

（8）羡慕。

组合：愤怒 + 悲伤 + 喜悦

解释：对他人的成功或拥有感到不满，同时渴望拥有同样的成就或事物。

（9）感激。

组合：喜悦 + 悲伤

解释：对他人的帮助感到高兴，同时伴随着对自己曾经处境的反思与感慨。

（10）自豪。

组合：喜悦 + 愤怒

解释：对自己或他人的成就感到喜悦，同时伴随着对自我形象的维护和对挑战的抵御。

其他类型的情绪还有许多，不过大致都可以用四大基本情绪的组合来解释。

第二章

觉察：看见情绪存在

人生活在世界上，既有物质需求，也有精神需求，有多少种需求，就会产生多少种情绪。

善待情绪，从看见它开始

“情绪”，似乎是一把双刃剑。

不妨回忆，你是否有过这样的体验：

有时因为和风暖阳而感到开心不已，第二天却由于阴雨霏霏而消极低沉。

原本和同事正常沟通，却因对方一句无心之言，令人倍感失落。

有时想要理性平稳地做事，却发现内心波澜四起。

有时希望积极快乐，却发现找不到激情的源泉。

其实，你并非如此善变，这些都是内心的好朋友在作祟，它的名字就叫“情绪”。

你好，情绪

情绪从哪里而来，又向何处去呢？它看似触手可及，却又并非实体，看似清晰明确，却总蒙着一层神秘面纱。

其实，情绪代表着人类的主观世界，它是每个人所有认知经验的统称，反映人的需求是否获得满足。

当需求获得满足时，积极情绪欢呼而来，它们叫“高兴”“喜悦”“满意”“开心”……

当需求没有获得满足，负面情绪接踵而至，它们叫“失望”“愤怒”“生气”“难过”……

人们生活在世界上，既有物质需求，也有精神需求，有多少种需求，就会产生多少种情绪。可想而知，情绪注定此起彼伏且波动频繁，就如同大海上层层叠叠的浪花，很难从中找到具体的规律。唯一的区别，在于有人波动幅度高，有人则比较低。

既然情绪带来的影响不可避免，那么人们如何“搞定”它呢？不妨从下面的故事开始了解。

看见了情绪，思考就客观

10 余年前，有一场国际心理学培训。

课程的主讲者赫赫有名，是“九型人格”理论创始人之一海伦·帕尔默（以下简称帕尔默）。她讲课既生动形象，又旁征博引，让现场 400 多名学员发出会心笑声的同时，也解开了蓄积多年的困惑。

课程结束后，活动进入拍照留念环节。很多学员都想抓住这个宝贵机会，和这位主讲者近距离拍照，大家情不自禁地加快脚步，人流逐渐往前涌，现场秩序变得混乱了。

当时，我正是这场培训主办方的工作人员。看到这一幕，我的心情急迫起来，既担心学员的安全，又希望尽快完成合影环节，顺利结束活动。不知不觉，我的声调在提高，动作在加大。我扯着嗓子挥舞手臂，不断喊着“你到这边来”“你到那边去”“别挤了”“摄影老师快过来”……但大家仿佛听不见我的声音，依然各行其是。

就在此时，站在面前的帕尔默老师投来温和的目光，她轻声说了句：“Calm Down（冷静下来）。”

瞬间，我被唤醒了。我深呼吸，开启情绪观察模式，顿时发现了自己的失控窘态。

我意识到，人的生命里有许多个 5 分钟，但刚才的 5 分钟并不属于我，它被“情绪”霸占了。

在那一刻，我没有成为生命的主人，没有用理性去选择合适的言行，而是任由情绪带领着本能，变成情绪的奴隶。

我告诉自己：“不要急躁，冷静下来。”

奇妙的是，我的急躁情绪很快停止了，思考力重新支配了我的身心。我迅速地考虑好谁组织队伍，谁指挥拍摄，并在一分钟内将信息传递出去。

在团队伙伴的合作下，现场变得井然有序，帕尔默老师也露出欣慰的笑容。

很遗憾，这种被情绪支配的情况时有发生。有时，矛盾会集中在 5 分钟内爆发，有时则会带来漫长的困扰。

曾经有位学员问我：“自从我换了工作岗位，被新领导批评之后，我就觉得自己的努力不被他看重，但他却不批评别人，是不是他对我有偏见？”

我问她：“当你这么想的时候，你感受到怎样的情绪？”

她瞪大眼睛：“当然是难受啦！”

“你难受的时候会怎么样呢？”我继续问道。

她说：“难受，我就会胡思乱想，想很多。”

我说：“如果一个人总是在胡思乱想，工作表现还会很好吗？”

我继续分析：“当你没有意识到负面情绪越来越多，大脑就会被情绪主导而开始欺骗你。比如，你认定领导对你有看法，大脑就会自动寻找和解读新的证据，甚至连领导对其他同事笑没有对你笑，都会让你感觉失望、难过。”

听完这些，学员恍然大悟。

每个人都有思考能力。但即便是同一个人，思考的质量也有所不同。人越是能看清情绪，思考就越理性客观，越接近事实。相反，如果看不清情绪，所思所想就很容易偏离事实，进而形成恶性循环。此时的思考，不仅无助于找到解决问题的答案，还会造成注意力的浪费，陷入“胡思乱想”，影响学习、生活和工作状态，带来更为负面的情绪。

无论是我那终生难忘的失控5分钟，还是年轻学员面对职场困扰的胡思乱想，归根结底都在于忽视了情绪的存在。那时，我们的情绪就像一头闯入都市的大象，那样突兀，那样胡作非为，但我们偏偏不去在意它。假如我们能停下来，看见它、关注它、引领它，我们就会获得新的选择机会，争取新的自由空间。

我建议学员，在工作中再次感觉委屈难过时，不要忙着胡思乱想，而是先关注这种负面情绪，去直观而理性地面对它，分析它从何而来、向何而去。例如，领导对自己的批评究竟是否符合事实，对于符合事实的部分，应该看成建议和改正的机会。如果有不符合实情的部分，就应该及时向领导解释。如果感觉解释不通，就暂时先放下，先做好手头的事情。

我们要成长，就要学会体察自己的情绪，提醒自己注意情绪状态，就像驾驶员始终都会关注汽车的状态一样。

看见，是认知和管理情绪的正确开始。

是情绪，还是导火索

看见情绪很重要，但下面的问题则更为重要：

你如何确定自己看到了情绪？

情绪，本来就是看不见、摸不着的。它往往是瞬间的感受，是突如其来的身心体验，甚至你能察觉到它的存在，却无法将之正确描述出来。

有没有最简单的方法来判断呢？答案很简单，如果你在关注情绪的导火索，那你就快要输了。

世界上的每个故事都有起因，个体产生的每种情绪也都有导火索。

当活动秩序混乱而失控时，我的情绪导火索是“乱糟糟的队伍”“不听话的学员”“即将被耽误的活动”。

当学员被领导批评后，她的情绪导火索是“领导对我不公平”“领导对其他同事好”。

显而易见，一个人产生情绪后，他最可能关注的是导致情绪产生的客观原因。就像宁静的考场突然响起一连串鞭炮声，所有人都会寻找点燃导火索的罪魁祸首。

然而，真正能管理好情绪的人，会第一时间将注意力拉回情绪本身，去面对自我主体。

帕尔默老师提醒我冷静，因为“我”才是情绪主体，眼前的一切只是引发我情绪变化的客体。

我提醒学员关注自身，因为“她”才是情绪主体，领导说什么、做什么，同样也只是客观原因。

如果你想正确应对情绪，就不能只是关注客观原因，更要学会第一时间向内求，认识自身、改变自身，然后用正确情绪来应对外界变化。

以后，当你陷入某种不舒服的状态时，不妨这样做：

想象自己是从天上俯瞰大地，从宛如无人机的高空以第三人视角，看待自己面临的处境。

你看见的那些镜头，可能是挡在公路上慢吞吞的前车，可能是堆积如山的工作，也可能是你讨厌的某个人，或者是你不喜欢的场景。

现在，不要让镜头停留，让这些画面全部迅速消失。不断推进镜头，让你成为画面的主角。请看清楚你自己，你正处于怎样的情绪状态中，你是如何看待当下处境的。

当你经过多次训练，就能越来越快地闪现其他镜头，迅速将注意力集中在自己身上。

恭喜，你现在拥有了看到情绪而非导火索的能力。

不可否认，也有一种情况，即我们自己本身就是导火索。这需要更强大的观察分辨能力。

例如，当你陷入自责情绪时，导火索是自己，但仅仅是“做砸了事情的自己”（简称为“A 自己”）。

反之，如果你不只看到“A 自己”，而是会关注“正在自责的自己”（简称“B 自己”），情况就会变得好起来，你的自责情绪就会被看到而重视，从而找准下一步的应对之道。

看到情绪而不是紧盯导火索，做到这点并不容易。某种角度看，它需要我们对抗自然，对抗情绪来临时的人类本能。但唯有经历如此锤炼，我们才能学会驾驭情绪，成为情绪的主人，我们才能不被大脑所欺骗，进而有资格获取幸福、健康、快乐的人生。

压抑情绪就是压抑自己

当你看不见情绪，就会被情绪主宰，深陷在“情绪牢笼”里。明明应该是我们控制情绪，为什么很多人却被情绪所控制呢？

在我的课程里，曾经组织过对于“你什么时候会被情绪控制”的讨论。

有位学员说：“我就是很情绪化，每次一有烦躁的事情就想要发泄出来，等事情过去后又莫名后悔。我很讨厌这样的自己。”

另一位学员说：“我平时还好，但是如果睡着了被人吵醒，不管对方是谁，我都会变得特别暴躁，而且超级凶，根本控制不住自己。如果是中午在公司休息，碰到这种情况下，哪怕领导来问我事情，我也想发脾气，脸色不好看，语气也很冲。其实，事后自己想想，这样非常幼稚。”

其实，绝大多数人都明白控制情绪的重要性。在日常生活中，很多人都会对自己给出控制情绪的暗示。但只要当情绪酝酿到达了某个特殊的临界点，甚至身处某种特殊情境下，那些负面情绪就会如同山洪暴发，来得又快又急，制造出让人后悔的结果。

没有人希望看见类似情况，之所以如此，是因为与控制情绪的方式错误有关。压抑情绪就是其中一种。

对情绪的管理与对欲望的压制一样，是人类社会文明进步的标志。

初来人间时，没有人懂得管理情绪。婴幼儿不舒适了就会哭闹，想要的东西拿不到就会生气。随着年龄增长走向社会化，每个人才知道在必要的场合掩饰情绪。

诚然，情绪之间存在矛盾冲突，因此任何正常人都不可能不顾场合、对象、方式地发泄情绪。你不可能面对讨厌的同事破口大骂“蠢货”，也不可能在中了彩票之后当街狂奔庆祝。你知道，这些并不合适。

然而，管理情绪并不代表压抑情绪。当你对情绪的管理手段过头，就会走向事情的反面。

在生活中，压抑情绪通常有如下两种表现。

不敢表达负面情绪

在面对外来伤害时不敢反抗，对他人的要求不会拒绝，乃至即便生气了也要佯装若无其事……在很多场合下，这种人被错误看成“听话的学生”或者“配合的同事”。其实，他们往往是为了避免矛盾、害怕争吵而选择了压抑负面情绪。这种压抑持续下去，将会导致他们越来越谨小慎微，回避正常的人际交往和沟通。

更危险的是，无论他们如何压抑，都会感到心理存在压力。一旦这种压力爆发，就会呈现出强烈的攻击性。

有位学员说："我从小就是逆来顺受的脾气。之前公司里有个同事，对我说话总是很冲。一开始我觉得吵架不合适，所以忍了。后来他推卸责任，我又忍了。再后来他和同事说我种种不好，我还是忍了……结果，在部门会议上，一件很小的事情，让我对他情绪大爆发。结果，所有人觉得我莫名其妙，怎么这点小事你就发脾气？"

这位学员面对的，正是压抑情绪带来的恶果。

俗话说"忍一时风平浪静，退一步海阔天空"，但这指的是管理情绪应该得法，而不是提倡压抑情绪。过分压抑情绪，意味着放任情绪堆积在内心无法疏通，导致自我压力越来越大。外在的平静，只会变成"时时忍，一时风平浪静。步步退，一步海阔天空"。最终要么是自己默默扛下所有，要么是积少成多最后不合时宜地爆发，反而会破坏个人的社会形象。

不仅如此，压抑负面情绪还会导致更大的恶果，就是"翻旧账"。这种情况在家庭场合出现得更多，在心理学中被称为"压抑 + 积累"模式。

当你压抑不满情绪时，实际上是在不断忍耐对方的错误、环境的问题。随着负面情绪积累到一定程度，你会突然将压力倾泻而出，其具体表现就是历数对方做过的所有错事，理直气壮地向别人宣示你的感受。但在对方看来，这些事早就过去了，根本不值得你如此胡搅蛮缠。

“翻旧账”的言行，无法解决长期问题。“压抑＋积累”的模式，只会让问题越拖越久，难以解决。从长远来看，采用忍让的方式来压抑情绪，并非好的情绪控制模式。

不愿表达正面情绪

不敢表达负面情绪的另一面，是不愿表达正面情绪，尤其不愿表达爱的情绪。

中国传统文化强调理性、礼仪、集体主义。从家庭环境来看，受“严父慈母”传统理念的规约，很多深爱孩子的父亲通常并不会采用疼爱、亲昵、欣赏、赞扬的方式向孩子表达感情，而是采用严厉的约束、管教、鞭策来传递情绪。

今天的成年人，在孩童时期或多或少受到类似文化环境的影响，这也导致他们在面对父母、子女、夫妻、恋人等亲密关系时，也经常不苟言笑、不表达正面情绪。

对习惯压抑情绪的人来说，“爱”甚至不需要说出口，只要在心里装着对方、能为对方做事就是“爱”。还有的人在亲密关系中经常用争吵、抱怨来表达情绪，一旦分开又会用控制、索求来填补空虚、缓解思念。其实，这些矛盾表现的根源就在于自幼年开始的压抑情绪习惯。他们在社会上或许是成功人士，在工作中或许是业务精英，在道德上或许是模范好男人、好女人，但在情绪控制方面却不成熟乃至不正常。

压抑情绪的类型

除上述两种常见压抑之外，还有不愿表达痛苦情绪的压抑类型。“男儿有泪不轻弹”等文化习惯，似乎总是在鼓励人们压抑对悲伤、痛苦情绪的表达。但如果习惯将这种情绪压抑在内心，同样可能导致各类心理疾病，甚至转化成身心疾病，如消化道溃疡、高血压、冠心病、癌症等。

此外，对高兴、恐惧、焦虑、思念、孤寂的情绪压抑，也都有可能诱发身心疾病。

无论是对何种情绪的压抑，都可以归为“压抑 + 积累”模式。其中又分为两种不同类型。

第一种，抑制情绪的产生。

在情绪产生之前或正在产生时，个体会对情绪进行有意或无意的压抑行为。因此，不少学员曾表示“根本没有”压抑过情绪。

例如，崇尚权威的人，根本就没有想过对领导的不满。

好强的丈夫，根本就没有想过要在妻子面前诉苦。

完美主义者，从来没想过允许自己羡慕他人。

好面子的恋人，分手后从不打算承认自己痛苦。

第二种，抑制情绪的表达。

当情绪产生时，个体会抑制表达情绪，不想被他人发现该种情绪而进行掩饰、克制、伪装。

在调查中，学员们表示自己在抑制情绪表达时，会有这样的内心戏：

“我一定要坚强，不能流泪。”

“他是我的老客户，我再不满也要装得高兴。”

“我是赢了，但我不能太高兴，别让人嫉妒。”

在上述两种对情绪的压抑行为里，第二种更为常见，而第一种则相对严重，其伤害性也更大。

但需要注意的是，这两种压抑行为是可以相互转化的。事实证明，那些经常克制不满情绪的人，如果没有意识到这种压抑的危害性，不满情绪就会逐渐变少，甚至完全消失。

当压抑进入如此程度，表面上看似风平浪静，但内在的伤害却更加严重。

科学研究证明，在这种状态下的情绪，更容易变成潜意识。你会不知不觉地采取各种奇怪方式，将其表现出来。

有位女学员说：“我跟刚认识那位供应商代表，完全没有讲过话，就莫名其妙觉得他很讨厌。我也不知道自己为什么这样。”

后来她才发现，对方那天穿的皮鞋款式，和自己前夫的很像。而和前夫在一起时，自己总是压抑愤怒情绪。这种情绪被隐藏到潜意识里，才激发了现在的不良情绪反应。

如果情绪已经变成潜意识问题，解决起来就会更加麻烦。因此，控制情绪最好的办法，就是别再过分压抑它们。

请记住，压抑情绪，就是压抑你自己。

“瞬间爆发模式”会让情绪失控

看不见情绪，不仅会导致情绪失控，更会导致人生失控？乍一看，很多人觉得像危言耸听。甚至还有人说：“我无非就是发了发脾气，能怎么样呢？”

生活中，许多悲剧都是因为情绪失控造成的。一些原本鸡毛蒜皮的小事，都因为情绪的随意宣泄而不断发酵、引爆，导致严重后果。失控的情绪不会如同青烟那样飘然消散，它很有可能恶化为人生无力承担的意外。

2015 年 5 月 4 日，一段行车记录视频在网上发布。这段视频有 3 分 03 秒，完整记录了司机 L 不断变道，引发双方互相“别车”，最终导致后车司机 Z 对其施暴的过程。

视频开始，L 驾驶的红色轿车行驶在 Z 的前方。不知什么原因，她突然亮起右向转向灯，并连续向右变道，导致 Z 只能长按喇叭、紧急刹车。随后，当 Z 想要向左侧超车时，又被 L 的车辆向左转向“别车”。

一场危险的情绪宣泄就此展开。双方相互别车并摇下车窗对骂。Z 超车之后，L 紧追不舍。Z 于是将车减速停到路边，挡住 L 的去路。随后，他拉开车门，将 L 拉下车开始殴打……

两个家庭的悲剧就此发生。经过法医鉴定，L 为轻伤二级，不得不住院治疗。Z 则为此承担了民事赔偿责任和刑事责任，获刑八个月，缓刑一年。

事后双方尽管都各自表现出后悔，并在法律力量的协调下达成了和解，但给双方带来的身心创伤难以弥补。追究幕后的“罪魁祸首”，正是失控的情绪。

情绪失控的原因

人人都有情绪，但对情绪的控制能力却各不相同。部分人群相对容易产生情绪波动，他们经常会在不经意间表现出喜怒哀乐的迅速转换，有时候还会因此伤害他人。类似这样的情绪管理模式，我称之为“随时瞬间爆发”模式。拥有这种模式特质的人，处于压抑情绪模式人群的极端反面，他们更容易情绪失控。

例如，有学员说：“从小我就爱哭，大家都叫我爱哭鬼。父母或者老师说我两句，我就哭，感觉抑制不住委屈和悲伤。”

也有学员说：“我其实有些理解那个打人的司机，我只要上路碰到这种情况，就会感觉别人是恶意针对我，抑制不住地想要发火。”

压抑情绪者过度看重情绪的短期影响力，担心伤害别人、破坏关系，代价就是压抑自己，但“好处”则在于情绪表面的稳定。

但“随时瞬间爆发”者就不同了，他们总是会忽视情绪当下产生的影响力。意识不到情绪的过度流露，必然会影响他人。“有情绪我就要发泄出来，不然我肯定会憋死”，是他们的内心独白。这种想法相对自私，没有综合考虑对环境中的其他人造成何种影响。

“随时瞬间爆发”模式是如何导致情绪失控的呢？

第一，人格特质。

容易情绪失控的人通常难以正视自己。一旦有人和他们产生感受、利益上的矛盾，他们并不会及时进行自我反省，反而将之看成他人的主动攻击，并因此而造成情绪失控。

第二，惯常行为。

容易情绪失控的人大都形成了“随时瞬间爆发”的习惯。当他们面对某类特殊情境时，经常不经过大脑思考，就会下意识地情绪失控。

一个完整的情绪失控习惯通常由三部分组成，即暗示、行为和“奖励”。

每个人的情绪失控暗示都各有不同。有人受不了乱摆放的生活物品，有人受不了别人嘲笑的眼神，还有人受不了领导的挖苦……只有找到会触发自己失控的情景、话语、事物或者人，你才能明白情绪失控的来源。

当你情绪失控时，你最多的行为是什么？有人是口不择言的，有人会摔东西，也有人会迁怒旁人……你可以记住这些行为，再尽量加以避免。

很多人在情绪失控后，还会对自己加以“奖励”。它有可能表现为自我安慰，也有可能是寻求他人安慰，通过诉说自己为什么情绪失控而得到情绪慰藉。也有人会沾沾自喜，认为自己又“赢了一次”。其实，无论情绪失控后你得到了怎样的“奖励”，环境和他人终究不能轻易原谅你。

第三，环境因素。

在情绪失控的过程中，环境也可能起到推波助澜的作用。环境中的各类刺激因素，如时间、地点、天气、色彩、整洁度等，都会通过人的眼睛、鼻子、耳朵、皮肤等感受器，向人的大脑不断输入信息。经过大脑皮层的评估和整合，就有可能触发情绪失控。

第四，健康因素。

如果你经常酗酒、吸烟、睡眠不足或缺乏必要的锻炼，工作压力大或者生活不规律等，你情绪失控的可能性一定会更大。

情绪失控的危害

情绪失控不仅危害别人，更会危害自己。

从他人角度而言，你的情绪失控犹如一场洪水。当洪峰过去后，你恢复理智、消除怒气，重新进入正常的生活和工作轨道。但你身后留下的则是一片狼藉，那些承受了你坏情绪的人，必须面对难以忘怀的伤害。

从自身角度而言，情绪失控犹如一道枷锁。人们很难真正信任情绪容易失控的人。表面上，人们能与之和睦相处。但实际上却总在小心翼翼地提防。当周围所有人都开始这样看待你，你的个人发展无疑会遭遇严重瓶颈。

A 和 B 都是足球运动员，都曾经历了年少成名。A 天赋异禀，身体素质和足球意识都堪称上佳，但他很难控制自己的情绪。在比赛中，他经常会和对手甚至裁判发生冲突，甚至在训练时也会和队员内斗。B 则完全相反，他始终能控制情绪，即便遭遇严重挑衅也能泰然处之，用进球后的庆祝来还击对方。

由于情绪失控的问题，A 没有将他的才华充分发挥出来。而 B 对情绪的控制力，最终成就了他在足坛的丰功伟绩。

即便不谈发展，情绪失控也会极大地危害个人身体健康。当情绪过度发作时，就会破坏人的生理和心理平衡，导致人的身心失去常态而诱发疾病。

每个人都希望人生的方向盘紧紧握在自己手中，每个人都渴盼生命的大道宽阔平坦。为此，请千万小心，别让情绪失控。

情绪自责会让自己陷入西西弗的痛苦

如果你看不见情绪，不仅容易情绪失控，还很可能在失控后迎来另一位不速之客——自责。

希腊神话中，有一个名叫西西弗的悲剧人物。据说，他敢于触犯众神，甚至还扼住死神的喉咙，最终受到诸神的审判。诸神给了他看似简单的惩罚：将一块巨大的石头推上山顶，就能赎罪。

当西西弗费尽气力，将石头推到山顶后，这块被诅咒的石头就会重新滚落到山脚。于是他只能从头开始。在日复一日、年复一年的苦役中，西西弗的生命就这样无谓流逝了。

西西弗的悲惨故事，暗含了古代文明对人类自身与命运、环境之间冲突的认知。而今天，在我们面前的巨石，很可能是"情绪自责"。

那些不擅长看见情绪的人，会由于情绪失控而竭力宣泄。在此过程中，他们的理性思维能力、情绪控制能力都会同时下降，即便有人在旁劝解，他们也经常无视，将冷静抛到脑后。

然而，这样的状态毕竟只是一时的。当情绪失控结束后，很多人回归到宁静平和的心态，就会面对“自责”这块巨石。

毫无疑问，健康积极的自责是有益处的，将它“搬运”到你的心中，能提醒你改善言谈举止，照顾他人需求，让我们的言行朝着更好的方向发展。然而，有些自责内疚的情绪会导致你深陷其中，无论如何“搬运”，这块石头都无法回到正确位置，它会如影随形地跟从你，成为人生的噩梦。

自责：失控的升级模式

情绪自责，是情绪失控的升级模式。当人们在情绪失控后，往往会采用“后悔 + 发誓”的模式来予以应对。

所谓“后悔”，是指绝大多数普通人会因为情绪的失控而后悔。

试着回忆一下，你上次情绪爆发之后有怎样的体验：你是否感到自己没有正确看到情绪、控制情绪，造成了对他人、对环境的伤害？情绪高峰过去后，甚至可能只有几分钟，你是否就感觉到了后悔？

此时，大多数人会同时产生两种想法。

第一种，“我情绪爆发是有原因的”，这是在“奖励”自己。

第二种，“但是我应该控制好情绪”，这是在表示“后悔”。

随着时间推移，第二种想法的占比会越来越高，悔意越来越重，并通过各种形式表现出来。

我给学员播放过这样一段网络视频：

一位年轻的母亲陪伴孩子做作业，因为孩子无论如何也写不好某个汉字，她情绪失控，开始大发雷霆，撕掉了孩子的作业本。当孩子吓得哇哇大哭时，母亲突然心软了，她抱住孩子后悔地用哭腔说："对不起，是妈妈不好。"随后又说："妈妈下次再也不这样了。"

由于孩子做作业而情绪崩溃的家长形象，似乎在网络上出现得越来越多。事后，他们又大都会向伴侣、向孩子表达悔意，想要尽可能地修复关系，这表现出了他们成熟的那一面。

正因为他们自认"成熟"，才会在悔意涌上心头之后再增加上自责情绪。他们会如此想："我都人到中年了，怎么会对孩子这样发火？我发誓一定要控制住情绪！"

在如此自我陈述或者向伴侣保证之后，这件事情似乎就此过去了。起码在他们看来，情绪失控是出于对孩子的关爱和负责，"后悔和自责"则是对情绪失控所引发负面影响的消除。

这样的心路历程，如同西西弗费尽力气，终于将巨石推上了山顶，遗憾的是，石头终归还是会再次滚落。当下一次孩子又出现这类问题时，情绪失控的中年人会再次出现，他们会又一次发怒、又一次进入"后悔 + 发誓"模式。

只要情绪失控的问题没有改变，情绪自责就无济于事。任何"后悔 + 发誓"都会变成反复循环。尽管当事人真心后悔和发誓，但他没有掌握正确的方法，只依靠一味地自责，就注定无法看见情绪、控制情绪。

情绪自责的痛苦

相比情绪失控带给他人痛苦，情绪自责的痛苦主要由自己承担。

经常陷入情绪自责的人，可能会作出一些惩罚自己的举动，让个人良心不再受到谴责。然而，这些举动很可能伤害自己，由此造成的痛苦可能会更加强烈。

情绪自责的“后悔”和“发誓”，也总是包含着自我否定的情绪体验，否定自己曾经的想法和行为。贯穿其中的强烈内疚感，会让人们的感知加以扭曲，

有过这样的科学实验：科学家们让正处于情绪自责状态下的人们，估算自己的工作成果。结果显示，大多数人预估的工作成果质量远低于实际。

“后悔 + 发誓”的循环就像一把枷锁，让身处情绪自责中的每个人都产生了挥之不去的沉重感。即便不是在工作状态，而是出行、游玩、休闲，也会让他们觉得体力不济。

情绪自责最可怕的危害，在于让一个人对自己变得冷酷无情。有些人可能会始终在重复这种自责体验，自信心也随之受到挫伤。这就如同西西弗面对的恶性循环：越是责怪自己情绪失控，就越是觉得自己无力看见情绪、管理情绪。越是认为自己无力，就越是会任由情绪的发泄和失控。于是，又开始下一步的情绪失控……

当这样的循环牢固建立后，一个人可能会出于害怕和担心，

而陷入保护性状态。在别人眼中，他会突然变得颓唐无力、缺乏追求。他们或许不再情绪失控，但也很可能不再积极表达和沟通，不再履行自己对生活和工作的应尽责任。

停留在情绪压抑的世界里，你将毫无快乐。

停留在情绪失控的世界里，你将毫无理性。

停留在情绪自责的世界里，你将毫无希望。

压抑、失控和自责，是管理情绪的三种错误方式，规避它们的最好方法，就是将情绪看成能够预测的事件。

“不怕念起，就怕觉迟”，只要你积极觉察情绪，准确及时地看见情绪，就能逐步对情绪做到当知当觉乃至先知先觉。如此，你将能从西西弗的噩梦中走出来，学会及时、有效地管理情绪。

注意身体的情绪预报

面对自然界，人们不用担心暴雨到来，因为会有天气预报提前发出警示，让我们做足准备。

当情绪的世界即将迎来一场雷鸣电闪的暴雨时，你希望自己处于怎样的状态呢？

A. 对未来发生什么一无所知。

B. 希望拿到“天气预报”。

答案显然是不言而喻的。和暴雨一样，负面情绪并不可怕，可怕的是人们对其一无所知。

对情绪的觉察能力越强，“天气预报”结果就越准确，你就越能准确应对。

相反，那些觉察情绪能力不够的人，只能选择盲目地压抑、失控和自责来应对情绪问题，最终造成恶果。

情绪觉察力的重要性，由此可见一斑。

什么是情绪觉察

情绪觉察，是指当自我情绪正在发生时，个体能意识到自己经历哪些情绪，并能明白这些情绪对自己造成或可能造成哪些影响。

情绪觉察力，是准确管理情绪的第一步。

你或许觉得很难理解："我怎么不会知道我的情绪？这有什么困难的呢？"

但很多时候，人们确实无法意识到自己在某个时间点、某种环境下的特殊感受，同样没有及时察觉情绪。直到压抑、失控、自责之后的某个时间点，才恍然大悟："原来我当时是这样的体验！"

情绪发源于内心，受到潜意识的影响。它强大且有力量，犹如一头野生大象，如果压制其活动、放任其狂奔，就会带来困扰。如果我们无法调动力量，情绪就会被大象所卷起，在黑暗森林里四处乱撞。但如果你对自身情绪及时察觉，就会变身为娴熟的驯象师，驾驭情绪的大象，让它温顺地为我们服务。

随着情绪觉察力能量的提高，你即便在情绪波动时，也能保持冷静理性的态度进行自我观察。你也就拥有了能跳出自我视角的限制，换成从他人的眼睛里审视和判断自己，并形成自我情绪的觉察能力。

当你能感到"我现在很难过""我正在压抑愤怒"等情绪时，你已经在锻炼情绪觉察力的路程上迈出了一小步，并且是非常重要的一小步。这一步，意味着你已看清情绪，你的理智正在积极管理情绪。

是的，认识和提升情绪的觉察力，是科学管理情绪的第一步。

提升觉察力，从“无意识”行为开始

提升情绪觉察力，应该先从行为层面开始。当情绪即将波动，你的行为也会随之发生改变，传递出信号，即便行为看起来是无意识的。

“刷手机”就是这样的典型。

今天，越来越多的人已经离不开手机。当人们在等待公交时、在地铁上站立时、在快餐店举起筷子时、在超市排队结账时……都会无意识地拿出手机，在一个个 App 之间横跳切换，任由屏幕上五花八门的信息数据映入眼球、冲击大脑。

人们对手机如此依赖，又如此熟悉，它简直成为移动互联网时代人类最新进化生成的“器官”。但如果静下心来问问自己，当你拿出手机时，你是真的需要浏览什么重要信息吗？当你放下手机时，你是否真的解决了什么重要问题？

我曾向学员提出这样的问题，大家的回答很一致，都是略带尴尬而会意的微笑。没错，答案是否定的。

有学员说，“其实只是恰巧没事干而已。”

也有学员说，“就只是一种习惯。”

还有学员更坦率，“不知不觉地就摸出手机了。”

看手机只是生活中的一件小事，但它却隐藏着被我们所忽略的事实——当看似自然地完成习惯性动作时，驱动者正是情绪的力量。

当你无意识地拿出手机，在屏幕上切换时，主宰你的是无聊、寂寞。

以前，当人类感到空虚时，会用相当的耐心情绪去打发时间。在远古时期，原始人会在夜晚聚集于篝火旁边，或歌唱舞蹈，或用相互讲述故事的方式来度过漫长时光。随着时代的进步，文明的强盛，古人也衍生出了吟诗作对、对弈钓鱼、赏花观月等慢节奏的文体娱乐活动，来缓消除无聊情绪。

到了今天，智能手机的发达让人们一旦感到无聊情绪，就能迅速得以消除。各式各样的社交软件能让你立即联系老朋友、认识新朋友，不同的短视频会传播各种信息，或者带来短时间的娱乐效果，电商购物软件则能满足你消费的需求……

一旦你拿起手机，你的空虚、无聊、寂寞情绪就会被扫荡一空。这经常导致你根本无法看到这种不适情绪。你甚至很少意识到自己正处于无聊状态，因为看手机这个动作总是在第一时间消除了它。

隐藏在看手机动作背后的情绪消除过程，实际上建构出非常重要的心理模型。它是如此重要，甚至可以影响我们一生。

这个模型是如此运转的：

在这个时代，你内心生成负面情绪（如无聊、空虚），这让你感到不舒服。于是你想要逃避这种情绪。

根据你的习惯，拿起手机，发朋友圈、刷抖音、逛淘宝。

很快，困扰你的空虚无聊感消失了。不仅如此，你还因为受到了所有 App 信息的刺激，情绪变得兴奋起来。你会因为朋友的旅游照片而羡慕，会由于抖音上的搞笑段子而愉悦，会因为淘宝上那件看起来不错的女装而想象……

潜意识里，你就这样将“空虚无聊”和“刷手机”联系起来。原本负面的情绪，经过“刷手机”这个行为，变成了一堆正面情绪。你用自己的行为“喂养”了负面情绪这个小怪兽。

短期内，小怪兽不会再骚扰你了。但不久之后，它又饿了。于是你只能再次用“刷手机”去喂养它。

如此周而复始。小怪兽的胃口越来越大。只要你产生了空虚无聊的情绪，就会激活“刷手机”的行为。最终，哪怕你没有产生负面情绪，你也会预防性地寻求手机的慰藉，动辄去翻朋友圈、刷抖音、逛淘宝。到此时，你已经无法离开这个行为，最终导致手机使用上瘾而不能自拔。

这种情况下，一旦你受到客观环境限制不能使用手机，哪怕只是一个小时甚至二十分钟，你都会感到无比难熬。你立刻就会感受到强烈的无聊情绪，它已经从当初不经意的小怪兽变成了大怪兽。它不仅会影响颈椎与视力，更会影响你的心理健康和情绪稳定。

这个情绪模型，体现出心理学家弗洛伊德所提出的“心理动力”理论。他认为，人的所有外在行为即便再微小，也都是由内在动力所驱使的。不断“刷手机”的行为，内在原因就是无聊、空虚的情绪越来越难以消除。如果我们总是尝试用被动的行为，去消除这种主动的情绪需求，无异于饮鸩止渴，最终只会让自己受伤。

“积极”行为背后的情绪

“刷手机”是许多人眼中浪费时间的行为。但如果是公认的“积极”行为，是否同样会带来情绪问题呢？答案是肯定的。只要你没有真正看见情绪，即便是学习这样的行为，也会产生强烈的副作用。

在当下，很多城市的家庭教育已经实现了“双轨制”。这种教育模式，三四线城市并不少见，一二线城市更比比皆是。一方面，家长将孩子送到义务教育学校，接受“普通制”的学习；另一方面，忧心忡忡的家长又会在放学后、周末乃至节假日，不断为孩子安排各类补习课程，塞满他们的课余时间。在这样的家庭中，孩子每天晚上都要将功课做到很晚，家长也跟随孩子，一刻无法停歇。“双减”政策尽管不断落实，人人都认为教育应该减负，但不少人都希望“减负”的是别人孩子，要让自家孩子趁机脱颖而出。不少家长还持有坚定理由：学习，难道是什么见不得人的坏事情吗？

的确，学习是好事。但当学习这种“积极”行为会引发负面情绪的增长时，它就已经变得不再必要了。

从教育学规律来看，今天很多家长为孩子选择的学习方法，已经明显违背了孩子的成长规律，根本无法让孩子健康成长。

如果从心理学规律来看，家长们不断用补课和作业去填满孩子业余时间的行为，更是导致了情绪问题的产生。大多数情况下，家长的类似行为不是孩子成长的必要，而是由家长内在的焦虑感驱动的。这种焦虑感来自全社会，但会影响到的却是个人和家庭。

负面循环是这样发生的：

你害怕孩子成绩落后，无法升入更好的学校，将来会沦落到“社会底层”。于是你不断地拿孩子和身边人比，更不能接受孩子不如别人，于是焦虑感由此产生。

当你形成了焦虑情绪，就会不断地通过“积极行动”来减轻焦虑，包括让孩子增加补习量、增加作业量等。看着孩子忙得头都抬不起来，你的焦虑感终于有所减轻。然而，当下一次家长会召开时，那些优秀孩子的父母被陆续请到讲台上作报告时，你突然发现别人家的孩子其实更优秀。于是，你就会被刺激得更加焦虑，进而采取更为变本加厉的“积极行动”。

久而久之，你的焦虑情绪被这些“积极行动”喂养得越来越大。最终即便没有感受到焦虑，你也会习惯性地对孩子施加压力。很多家庭在金钱上不断投入，用整个家庭的收入来应对孩子的教育支出。在时间上，即便白天的工作已经让家长自顾不暇，晚上还是要陪着孩子学到深夜。有时候，他们还会因此发脾气，让自己情绪崩溃，让家庭一地鸡毛……究其背后原因，都是焦虑情绪被“积极行动”所喂养而不断增加导致的。

正如你动辄盲目地“刷手机”那样，如果你发现自己不断向孩子施加压力，那就意味着你已经陷入了过度焦虑的情绪问题。正是这种不健康的焦虑感，让你和孩子都陷入自动的超负荷状态。此时，无论是学习这样的“积极”行为，还是其他任何行为，如果不是在你的觉察力的指导下，都已很难解决背后的情绪问题了。

“勉强”行为背后的情绪

日常生活中，除了“无意识”行为、“积极”行为，还有另一种行为，即“勉强”行为。

小品《有事您说话》中郭冬临成功地演绎了一个喜欢“打肿脸充胖子”的热心人，他为了体现自己的人脉关系、能力，喜欢逞强为朋友和同事们办事，结果却有苦难言，陷入尴尬。

尽管时间过去了快 30 年，生活中还是不乏这种“有事您说话”的人。当别人请你帮忙时，你总是不好意思拒绝：

或许你正在忙自己的工作，但同事突然请你帮忙做他的工作。

或许你在出国游玩的过程中，朋友突然发来消息，请你帮忙购物回国。

或许你自己手头也不宽裕，但老同学突然想要找你借钱。

…………

以上任何一种情形，你都感觉为难，但拒绝更让你为难，最后你只能勉强同意。你以为是自己爱面子，但实际上并没有那么简单。

在所有“勉强”行为背后，同样由情绪负责主导。这种情绪是羞愧和恐惧的混合体。

当你想要拒绝他人时，首先感受到的是羞愧，你觉得自己拒绝得不够好，配不上别人对你的期待和信任。其次感受到的是恐惧，你害怕自己的拒绝会破坏彼此的关系。

在羞愧和恐惧的混合下，你不断勉强自我，去帮你并不愿意帮的忙，做你并不想要做的事情。换而言之，当你在勉强完成某个行为的时候，你就应该意识到其背后的情绪是羞愧和恐惧。

其实，除了“勉强”行为之外，还有一些行为同样体现出了你原本隐藏的情绪。

例如，只要有人指出你的问题，或者仅仅是善意的批评，你就会想方设法辩解。这种行为的背后，是你对自己不够好的恐惧，或者是你遭遇批评后的委屈。

又如，很多人在职场上能理性处事，但回到家中却会因为几句话不合就怒吼、摔东西、骂人甚至打人。这种行为的背后，是他们对自己愤怒情绪的回避。

无论何种行为，背后都隐藏着各类情绪。想要养成识别情绪的觉察力，我们必须充分注意自己的重复行为，也要注重那些看似积极却会导致消极情绪的行为，更要注重勉强自己的行为。通过对行为进行准确和详细的观察，我们才能觉察到情绪的信号并及时加以处理。

例如，我平时工作特别忙，有时候会连续十几天都加班到很晚。此时我意识到自己虽然是在不停行动，但内心却有很强的焦虑情绪。我及时觉察到了这种情绪，但我没有采用“喂养”的方式去对待它，更没有养成不断看手机、开电脑的习惯。

相反，我无论有多忙、多焦虑，都会选择出去散步慢走 20 分钟。这 20 分钟我不会带手机，也不会思考任何工作，只是让思绪随意神游，通过慢走的方式让焦虑感逐步得到缓解。在此过程中，我通过观察自己的行为，觉察到情绪信号，并对其进行科学处理而不是立刻满足，当你能看懂行动背后的情绪，你就会像我这样采取某些特殊行动以避免放大情绪问题，你的情绪觉察力就会得到有效提高。

当你下次再掏出手机时，你可以试着立刻加以分辨：你到底是真的需要立刻看手机，还是仅仅是无聊和空虚的情绪在作怪？或许，当你觉察到情绪后，你就会选择将手中的手机放回去，你会转过头去，和自己真正的情绪待一会。请你不要小看这样的瞬间，这很可能将成为你内心强大的起点。

胡思乱想是一种心理内耗

情绪，堪称人体最微妙的反应。它经常不知不觉地产生、作用和消失，想要培养觉察力，就要通过细微的蛛丝马迹来发现。除那些“下意识”“自发”行为外，“内耗”同样是觉察情绪的窗口。

内耗与胡思乱想

内耗，是人类在自我管理进程中对心理资源的消耗。正常的学习、工作、社交、生活都需要内耗，但超过正常限度的内耗，有百弊而无一利。

任何资源都是有限的，个体的心理资源也同样如此。一个人心理资源拥有的程度，取决于其教育经历、文化素养、价值观、心智水平、性格特征，也取决于其经济收入、生活水平、工作环境、个人理想等。无论心理资源有多少，如果被过度透支，就会陷入不足状况，导致出现情绪问题。长期下来，就会身心俱疲，难以应对正常压力，无法维持健康身心状态。

在学习和工作中，需要花费很长时间进行心理建设，才能面对原本正常的任务。或者一面拖延，一面自责；抑或虽然忙于眼下但担忧未来……凡此种种，都属于过度内耗。

在生活中，内耗则更加常见，它通常表现为胡思乱想。

胡思乱想并非完全贬义，很多时候也有正面作用。例如，人们对美好事物的憧憬和向往，对优秀异性的幻想和眷念，对亲人朋友的思念，等等，都会为我们的生活增加乐趣，为努力增加动力。

然而，当胡思乱想和内耗联系起来，就只会让人感到痛苦。

有心理学家做过关于内耗的调查，主题是“什么情况下你感觉自己在心理内耗”。调查结果显示，与内耗相关联的前三名状态分别是：胡思乱想、拖延症和做不喜欢的事。其中，大约有 32.6% 的人认为胡思乱想属于心理内耗，其认可度排名第一。可见，胡思乱想对人内心的负面影响力非常大。

张女士是我的课程学员。2022 年，有一段时间她的职业生涯遭遇了不大不小的打击：她在公司会议上提出了精心准备的项目方案，但被领导公开否定了。领导说张女士的思维格局太低，方案本身也做得不用心。

面对被否定的事实，张女士感到非常委屈。她怀疑自己的方案并非那么不堪，领导是故意这样批评自己。她感觉领导是对自己有所偏见。否则，为什么自己如此努力，领导却不予承认？

张女士的思绪插上了翅膀。她随即想到领导对另一位同事更好，经常夸奖她努力、有创意。她认为：既然如此，“我这么努力还有意义吗？这家公司还值得我待下去吗？”

这天晚上，张女士带着巨大的失望感下班了。回家路上，她越想越难受，回到家里，心情也没有任何好转。

起初，张女士的想法或许有值得理解的部分，但随着负面情绪的介入，她展开了胡思乱想。在外人看来，这些想法并没有必要，但从张女士的角度看，她已经很难自控。

张女士既无法决定想什么，也难以做到不想，于是只能被动地接受胡思乱想的煎熬。

并非只有张女士会面对胡思乱想，很多人其实都有过类似的经历。一般而言，胡思乱想可分为如下两大类。

第一类，是针对特定事物或人物而产生的恐惧、担忧、焦虑等情绪，引发了过多的思考，进而影响身心健康。

生活中，有些人睡眠状况不佳，其原因大都源于这种习惯。他们经常会在入睡前回顾当天的工作、家事，再对明天要完成的事情进行规划。但当思维逐步扩展后，就可能变得一发不可收拾：那个项目要如何带领下属复盘？新的项目资源不一定重组，我该怎么办？如果推掉了，那么领导是否会对我产生不好的看法？……越是胡思乱想，就越是不容易走出来，经常会持续到后半夜还睡不着。

更难堪的是，当他们将这种情况分享给朋友、家人时，对方却无法理解，认为“你想得太多了！”

他们却只能苦笑：“不是我想得多，是思维停不下来。”。

第二类，是针对特定行为而产生的复杂情绪，包括委屈、悲伤或失望等。这些情绪的产生，会打乱原本正常的生活和工作规律，造成心理波动。

例如，上午你刚踏进公司大门，迎面碰到了熟悉的同事，你和对方热情地打招呼，对方却只是对你冷眼相待。你会感觉如何？

如果你和对方的关系原本不错，而你的内心也并不足够强大，你可能会突然感到一阵委屈，会怀疑自己是否做错了什么，甚至可能开始胡思乱想。接下来所有抑制不住的思考，都会围绕一句话进行——“我做了这么多，你为什么看不见”。

终结胡思乱想

胡思乱想如此令人厌烦，是否有终结的方法呢？其实，答案并不复杂：看见情绪。

你之所以会陷入胡思乱想的泥坑，是因为没有发现将你推入其中的情绪。想要看清它，只需三个步骤。

第一步，“你现在有情绪”。

当你开始胡思乱想时，立刻发出信号，提示自己“你现在有情绪了”。你无须立刻分辨自己感受到的是怎样的情绪，它可能是恐惧，也可能是悲伤，或者是焦虑。不用管它们究竟是什么，而是先确认情绪的存在。

通过这种自我提示，你可以在第一时间警示自己，而不是放任思绪的漂流。

第二步，“你的情绪是什么？”

此时，你应做一下深呼吸，冷静后问自己“你的情绪是什么？”通过分析你思考的事情、人物等重点内容，可以得出结论，例如“我现在有一点焦虑”“我现在很伤心”等。

第三步，“除了情绪之外都不是真的”。

明确告诉自己，我所想到的东西并不完全真实，只有情绪本身是真实的。我不需要去解决那些“问题”，我需要应对的只有情绪。

用张女士面对的情况来举例，当她在下班回家的路上感受痛苦时，应该怎样做呢？

首先，告诉自己“我现在有情绪。”

其次，看看窗外，深呼吸后放松，对自己说“我现在很伤心、难过，还有一点愤怒。”

最后，对自己说“你担心老板有偏见、努力没有意义”这些，都只是猜测而已，并非真实发生的事情。只有自己正被负面情绪包围才是真实的困境。

当这三步走完，张女士的胡思乱想基本就能停止了。随着她不再罗列自己在工作中遭遇到的种种委屈，伤心、难过、愤怒等情绪会得到一定程度的缓解。

当然，如果胡思乱想背后的情绪过于强烈，这种心理内耗或许还会卷土重来。我们不能仅仅掌握暂停胡思乱想的方法，为了真正解决背后的问题，我们还要懂得如何调节自己的心态，从情绪源头完成调整。

觉察衍生情绪背后的原生情绪

从审视原生情绪开始

人们经常将“控制情绪”放在嘴边，然而，即便负面的衍生情绪被暂时控制，也有可能被不断积累而最终点爆。人们需要透过表面的衍生情绪，识别底层的原生情绪，由此让情绪问题得到根本解决。

很多时候，人们并没有真正观察自己的感受，忽略了最重要的原生情绪，任由它们发展成为负面情绪问题。许多人会被悲伤、愤怒、内疚、羞愧之类的负面情绪所淹没，到那时再想要识别原生情绪，已然为时太晚。

如果你想要控制负面情绪，就先要学会审视原生情绪。这种审视不仅需要意识、能力，更需要大量的练习。它能让你发现自己的情绪，并弄清楚情绪是如何影响你的。

我曾经和学员分享自己的例子：

结婚以后，我发现妻子只要在家里突然不理我，进入“冷战”状态，我就会很生气。这种愤怒会超过两个人唇枪舌剑辩论时的程度。

我会直接对妻子不高兴地说：“你怎么回事，就不能正常沟通吗？”

当然，我采用这种说话方式，沟通也很难正常起来。结果显而易见，两个人都很不开心。

这种事情，在许多家庭都有发生，并不算太奇怪。我也学着尽量控制情绪，但即便如此，只要妻子选择“冷战”，我还是很容易憋一肚子气。

直到我将情绪原理应用在自己家庭情况的分析上，我才明白审视原生情绪的重要性。我发现，当妻子和我“冷战”时，我的原生情绪并不是生气，而是伤心。

我虽然感到愤怒，但原因在于被妻子冷落、不在乎、不尊重而引发的伤心情绪。而且我还发现，不仅仅是妻子，任何我在乎的人（从员工、朋友到亲戚、父母）如果不能给出我想要的回应态度，我都会有类似的情绪反应：从伤心到愤怒。我进一步回忆童年，发现那时的同学不理我时，我也会感到难过进而生气。

当我看明白了这一过程，了解原生情绪如何触发衍生情绪，我就着重去解决“伤心”的问题。我开始适应别人对待我的任何态度，我意识到无论他人是热情还是冷淡，带来的都是立足于世的不同体验，这从根本上改变了我的社交价值观，改变了我的原生情绪和衍生情绪。

后来，当妻子依然采用“冷战”态度来“对付”我的时候，我已经不再伤心和愤怒，而是可以保持平静理性的态度同她沟通了。回顾这种有益的改变，并非我简单地做到了控制情绪，而是因为我审视了背后的原生情绪。

同样，当新学员问我：“老师，当我生气的时候，究竟应该怎样做，才能控制情绪？”

我的答案是：“不要试图直接控制愤怒。愤怒只是一个结果，你必须先面对它的原因。”

我希望所有人都能通过下面的步骤，认清原生情绪和衍生情绪的叠加。

第一步，询问自己“发生了什么事”。

当你感觉情绪出现问题时，应该先让自己冷静下来，描述到底是什么状况导致了现在的情绪问题。

第二步，询问自己“为什么”。

你可以进一步描述出现上述状况的原因。这一步骤是帮助自己认清发生眼前状况的原因，借此审视你针对此状况所产生的原生情绪。

如果你的答案都是在描述外界，例如，“都是他惹我生气的”“都是因为孩子不听话”“都怪他太可恶了”等，那说明你找到的并不是正确答案。

如果你的答案都在描述内心感受，例如，“因为孩子没听我的，我感到很挫败”“因为同事很拖延，我感到很担心”“因为对方没有看重我，我很失望”等，说明你触碰到了原生情绪。

或许你会问："怎样做到不关注外界呢？难道我的情绪问题，外界就没有责任吗？"

这取决于你的观察角度和思维方式。

例如，尽管学校和家庭一再进行防溺水安全教育，孩子还是偷偷和朋友们出去游泳了。为此你非常生气，对他大发雷霆。

事情过去后，你可以问自己："我对谁如此生气？"

最初的答案显然是"孩子"。但这个答案来自外界，并且很可能只是表面答案，它解释的是衍生情绪，你并没有看到原生情绪。

真正的答案应该关系到原生情绪，可能有两种。

一是担忧。你认为孩子玩水太危险，由于担忧而衍生了愤怒。

二是挫败。你曾心平气和地与孩子谈过几次，让他不要擅自游泳，但你的努力没有得到回应，你感觉自己的教育很失败，这种挫败感引发了愤怒。

第三步，询问自己"你的感受"。

要学会分辨并表达自己的情绪。情绪和身体状态密不可分。例如，当你面部和手臂肌肉紧张，胃部感到不舒服时，往往说明原生情绪是难过、羞愧，而衍生情绪是愤怒。

第四步，询问自己"你准备做什么"。

这个问题非常重要，因为它能提醒自己不要被衍生情绪所淹没，避免说出极端话语、采取极端行动。如果你能及时询问自己这个问题，你就能停下来，避免被衍生情绪控制内心，进而透过衍生情绪去了解原生情绪。

第五步，询问自己“你曾经说过、做过什么”。

当你冷静下来，可以反思自己是如何被衍生情绪所控制，实际上做过哪些事情。通过对这些事情的充分回顾，你才能警惕和防范下一次衍生情绪的到来。

第六步，询问自己“情绪造成了什么影响”。

此时，你可以全面认清被衍生情绪控制后，会对你造成什么样的影响，包括短期、长期两种后果。

借助上述方法，你能真正分辨情绪的叠加特点，从而有效减轻负面情绪的伤害程度，寻找控制情绪问题的根本解决方案。

给情绪起个名字

无论是通过行动、思维层面分析情绪，还是透过叠加状态观察情绪，都能有效提升情绪觉察力。

相比之下，情绪命名法是对上述方法的综合使用，它不仅能帮助你敏锐捕捉到情绪，还能帮助你在任意时间和地点看懂情绪，并用语言加以描述。

情绪命名法

对人类而言，命名似乎具有天然的“魔力”，它能帮助个体建立信心，提升对事物的影响能力。这也是为什么人类会给星座、山川、河流这些自然现象逐一命名的原因。

对情绪，你同样也有权加以命名。情绪命名法，是指在感受到每一种情绪的当下，为情绪取个名字，以此自我提示那是何种情绪。如果你想要让自己的生活质量有全面的提高，就要懂得如何命名、管理自己拥有的情绪经验，充分发掘其中价值。

为什么给情绪命名能产生帮助？当人们体验强烈情绪时，负责掌管理智的大脑部分（可称为理性脑）暂时被“封闭”，身体被掌管情绪的大脑部分（可称为情绪脑）所接管。情绪大脑部分发出“战斗”或者“逃跑”的指令，但由于这部分大脑是非理性的，它提出的建议往往不是最佳的，甚至根本就不正确。这也解释了为何人们受到情绪影响时，一些言行往往不合理。例如，出于愤怒的情绪，你有可能大声怒吼，也有可能忍气吞声但回家吃下一大堆垃圾食品，无论何种行动，都是在情绪大脑指令下完成的，并没有多少理性成分。

通过为情绪命名，可以让理性脑重启，让你可以开启新的视角看待自己的情绪。请千万不要小看这样的新视角，因为它很可能带来新的人生。

例如，你的朋友当面说了不理解你的话语，让你感觉很生气。你默念着：“他怎么能这样说我？我为他做过很多事，为什么如此不理解我？”

此时，你的理性脑并未启动。你的想法、言行都受到情绪脑的完全控制，只会指责对方。随着这种情绪越来越强烈，矛盾也就随之而来。

但如果尝试用情绪命名法应对，无论过程还是结果就都会有所不同了。

你可以对自己说："他的话让我感到委屈、惊讶，这些情绪让我变得很生气。"

看，你说出了情绪的名字，它们就无处遁形了！

在学校时，讲台上威严的教师，点出台下一个个学生的名字，他们必须老老实实答到。而情绪，也是如此。

来吧，为情绪命名

为情绪命名看似简单，但却有一定难度。大多数普通人在日常生活中，能接触到的情绪名称是有限的。例如，当你取得某项成功时，会有人问你感觉如何，你能说出的也只有"开心""高兴"这些词语。如果想要提升情绪觉察力，就需要掌握尽可能多的情绪词汇，就像学习一门外语，你掌握的词汇量越大，觉察力就越强。

在表 2-1 中，我向学员们列出了常见的情绪命名词汇。这张表将情绪分为七大类，每一大类按照强烈程度分成轻度、中度和重度三种类型。这张表虽然无法囊括所有情绪名称，但能帮助大家在生活中有效地区分和拓展，尽可能地精准命名情绪。

表 2-1 常见情绪命名词汇

类型	愤怒、冷漠、厌烦	羞耻、内疚	恐惧、焦虑	羡慕、嫉妒	满足、快乐	悲哀、抑郁	惊讶
轻度	气恼、烦躁、挑剔、挫折、不耐烦、厌倦、无聊、漠不关心	不安、别扭、紧张、犹豫、难为情、退缩	谨慎、担心、警惕、迷茫、不安、怀疑、急躁、害羞、犯愁、为难	羡慕、佩服、脆弱、疑心	愉快、友好、希望、坦诚、信任、关心、安慰、鼓舞、冷静、坦然、感动、轻松	沉默、失望、消沉、忧愁、无动于衷、孤立感、悲观、伤感	好奇、不解
中度	生气、愤慨、激怒、轻蔑、反对、鄙视、讽刺、挑衅	惭愧、失望、后悔、害臊、尴尬、后悔、自卑、胆怯、惶恐	畏惧、紧张、屈服、忧虑、焦急、惊慌、冲动	贪心、渴望、垂涎	满意、开心、兴奋、高兴、喜悦、乐观、骄傲、活力、自信、幸福、庆幸	孤独、沮丧、凄凉、郁闷、惋惜、沉重、渺茫、空虚、萎靡、狼狈、可怜	吃惊、惊喜、讶异
重度	憎恶、恶心、恶意、狂怒、恶毒、疯狂、威胁、惊骇	耻辱、羞辱、负罪、污蔑、贬低、轻蔑、堕落	恐惧、瘫软、恐慌、毛骨悚然、胆战心惊	贪婪、眼红、嫉妒	激情、沉醉、沉迷、沉溺、亢奋、兴高采烈、狂喜、	阴郁、绝望、悲痛、心碎、被摧毁、痛苦至极	震惊、惊呆、震动、惊悚

当然，即便掌握了上述名称，每个人对情绪的命名水平也各自不同。

有人天生对情绪的觉察能力较强，能精准分辨不同情绪之间的微妙区别。也有人并不那么敏感，仅仅能感受到“心里舒服”“心里不舒服”，却说不出是什么情绪。在心理学上，“情绪颗粒度”就是专门用来描述上述差别的指标。

“情绪颗粒度”低的人，对情绪的觉察水平比较低。他们经常大大咧咧，说话不分场合、不分轻重，对自己的情绪感受也是模糊的。《水浒传》里的李逵就属于这种人，他的“情绪颗粒度”非常低，情绪感受只有“大喜”和“大怒”，遇到前者就哈哈大笑，遇到后者就提起板斧，根本不顾他人的感受。

“情绪颗粒度”高的人，对情绪的觉察水平比较高。他们的日常言行总是会顾及自己有哪些感受，别人有哪些感受。在重要场合，他们每说一句话、每用一个词，都会精准选择，用来表达或者感知情绪。

这两种人，即便运用相同的命名方法，描述同一种情绪，都很可能产生完全不同的命名结果。前一种人可能会粗糙命名“我现在很开心”“我现在很不开心”。后一种人则会精准命名“我现在很庆幸”“我现在很无奈”等。显然，更为惊喜的命名结果，会对觉察情绪者帮助更大。

如果你偏向于前一种人，就不能仅仅满足于知晓情绪的名称，还要积极训练，用以提高对情绪的觉察力，做到在情绪到来的那一刻精准命名。

训练方式很简单。

第一步，熟读表 2-1 中的词。在阅读时，要集中注意力，想象这些词代表的情绪，每种情绪会给你带来怎样的体验，其中哪些是你常有的，哪些是你较少遇到的。通过类似方式，逐步熟悉情绪名称。

第二步，当情绪到来时，立即思考“我现在有哪种情绪”的问题，并从记忆中挑选表 2-1 内最合适的词来解答。例如，“我感到惶恐”“我有挫败感”等。

如果你暂时做不到第二步，那就重新回到第一步熟读记忆。在这两个步骤内反复，你迟早能学会如何精准命名情绪，成为看见情绪的高手。

当练习越多、你掌握的情绪名称越多，你就越能准确描述当下的情绪。在这一刻，你会体验到从来没有过的轻松感，因为命名这件事本身说明了你可以影响、掌控乃至决定情绪。

当然，情绪命名法的好处不只如此。

命名情绪的作用

运用情绪命名法，能产生如下作用。

第一，对情绪的连锁反应按下暂停键。

当你在对情绪命名时，会产生神奇的心理现象：原本可能像导火索那样延伸燃烧的情绪，就像被按下暂停键一样立刻停止了。

例如，你原本在胡思乱想：“他为什么总是对我挑毛病？是不是对我有什么偏见？”

如果你不去命名这种情绪，你会进一步衍生情绪，变得愤怒、失望、委屈……

但如果你选择在此时“点名”，你就会意识到“我现在感觉难过”。然后你会突然发现，头脑清醒了，不会任由情绪肆意发展。

事情很简单，只要你能给情绪贴一个标签，它就能停下狂奔的脚步。这个标签就像孙悟空的定身术，能让情绪反应暂停。

当然，如果情绪很猛烈，也有可能在一段时间后又开始反应。此时你可以继续贴上标签，让它逐步冷却缓解。

第二，对别人，能协助解决沟通问题。

在沟通过程中出现情绪问题的可能性很大。原本正常的谈话，你发现对方对你有误会，你感到委屈，随之还会生气。此时，你有以下两种选择：

如果你担心产生更大冲突，选择压制情绪、避免冲突，就会导致伤害自己。

如果你被愤怒情绪主导，就会直接质问对方，导致伤害对方。

因此，在沟通中无论是压制还是发泄，都并不明智。但是，如果你引入情绪命名法，就可以将自己当下的感受准确传递给对方，这是一种很有效的沟通方式。

你可以说："如果你这样看待我，我感到很委屈。"

这样的话语并没有冒犯对方，也没有过分描述，而是准确地表达了你的情绪。

正如沟通达人所说："要学会对自我情绪命名，而不是情绪化表达。"想要准确表达情绪，就必须先对其准确命名，从而提高沟通效率。

第三，对自己，能更多探索内心的诉求。

"了解你自己"是非常困难的，许多人终其一生也没有认识内心的真正诉求，并经常为此感到痛苦。

想要做到了解自我，就要懂得命名情绪。当感到委屈时，你要学会如何利用情绪命名法来探索委屈背后的原生情绪。只有你能叫出它的名字，才能看见它、探索它、了解它，才能解决根源问题。从这个角度看，为情绪命名，能为我们深度理解、探索情绪的世界，打下坚实的基础。

第三章

探索：读懂情绪内核

任何情绪的背后，都隐藏着独特的想法。不安缘于脑海中浮现的担忧，恐惧是内心深藏的危险，快乐来自愿望被满足，烦恼出自现实违背了意愿。

没有糟糕的情绪，只有糟糕的解读

怎样才能读懂情绪呢？请从学会不害怕开始。

看见情绪，只是读懂情绪的开始。当你停留于对“看见”的满足，就难以取得进步，更无法真正掌控情绪。结果，情绪变成了不可捉摸的怪兽，“看见”终将导致“害怕”。

别害怕情绪，它并非外来者

很多时候，你会感觉自己被情绪控制了。你害怕这种状态，不愿成为情绪的奴隶。

试想如此场景：

你来到新公司不久，领导要求你临时登台，顶替老同事解说产品。

今天，偌大的会议室内有很多听众。大家的目光已聚焦在投影屏幕上的 PPT 画面，偶尔还有人窃窃私语地讨论着什么。相比你这个“菜鸟”，他们的资历更老、学历更高。对了，还来了客户公司的高管！

5 分钟之后，你即将开始这次解说，而你现在正躲在洗手间内，凝视着镜子里的自己。你感觉这个人很陌生，不由得感觉后背冒汗、双腿发软，一阵想要呕吐的感觉冲击着咽喉……

此时此刻，你害怕的不是客户公司的高管、领导、老同事和产品，而是情绪本身。

再想象另一种场景：

你的小狗可乐遭遇了车祸意外。尽管你第一时间将它从车轮下抢救出来，用最快的速度将它送到了宠物医院。医生尽力抢救后，满脸遗憾地告诉你它走了。

你想到可乐陪伴你 10 年的岁月里，那些鲜活的点点滴滴涌上心头，感到一阵扎心疼痛。但你又不知道如何化解悲伤，毕竟，它在不熟悉的人眼中只是一条小狗，你很难按照与亲人诀别的方式去哀伤、悼念。你也担心流露出太多悲伤，让自己在亲朋好友眼中显得太不成熟。你决定掩盖这份情绪，尽快回归到工作与忙碌中。

在工作的间隙中，你会想到可乐而走神。当你拖着疲惫的身体回到家，习惯性寻找可乐迎接你的身影，却发现全家都空空荡荡。每天，你都经历着这样的煎熬，不知道如何走出来。你无法原谅那个肇事司机，更无法接受自己遭受如此不公的待遇……

请明白，此时此刻让你难过的不是车祸与死亡，而是情绪本身。

你逃避自己的紧张、悲伤，你为什么会如此害怕情绪呢？

曾几何时，在传统文化影响下的人们形成了关于情绪的错误观念。这些观念至今都时刻影响着你，让你觉得自己不应该有负面情绪，甚至不配有负面情绪。

当你是小孩子时，父母循循善诱地说："男孩子不可以哭！"

当你步入学校，老师会威严地说："你们考试前不要紧张！"

当你走进职场，上司会严厉地说："我不希望你们偷懒！"

其实，父母、老师和上司也同样会面对类似负面情绪的困扰。但他们所倡导的情绪处理方式，并不一定具备科学依据，更多是来自个人经验。

与他们不同，我在课程中总是会告诉大家："不必害怕任何情绪，它们都是你的一部分。"

你无须害怕情绪，它们来自你，也属于你。你要学会正视、接纳和解读自己的每种情绪，这是成年人自我管理的基础。你应该正确解读情绪，千万不要将负面情绪认为是不良反应。从这样的基本原则出发，你将能在生活里和工作中保持读懂情绪的积极性，你将因此清晰了解、觉察并准确应对每种情绪。

但如果你对情绪缺乏科学认知，进而对其采取错误的处理方式，就会真的导致可怕结果——让情绪成为套牢人生的绞索。

不懂负面情绪的人，总是会下意识地讨厌它，想要对抗它、摆脱它，但这并非最好的处理办法。面对负面情绪，你越是持续抗拒，它就越是如影随形地跟踪你、纠缠你，直到变本加厉地处罚你。

请千万记住，你从来不是情绪的奴隶，你永远是它们的主人。在这个世界上，只有你能对自我情绪负责，因为无论是正面情绪还是负面情绪，都不是他人引起的，而是你对外界环境变化作出的反应。想要正确处理情绪问题，最好的办法就是去读懂它们、走近它们，直到驾驭它们。

驾驭并非战胜，更非消灭。对情绪的驾驭意味着避免被其控制。到那时，即便是负面情绪，也同样能成为你生命中的宝贵资源。

没有糟糕的情绪

驾驭情绪的前提，是必须读懂它们。而这取决于你如何认识情绪。请务必记住最重要的原则：没有糟糕的情绪，只有糟糕的解读。

将情绪分成正面和负面，是可以理解的。这是人类从情绪可能引发的行为、后果，给它们分别贴上的标签。但是，从情绪本身而言，并没有“好”和“坏”的区别。只要是情绪，就都有其作用和价值。

3D 动画电影《头脑特工队》，于 2016 年 2 月获得第 88 届奥斯卡金像奖最佳动画长片奖，其主题与负面情绪密不可分。

在小女孩莱莉的脑海中，有 5 个小人，分别代表着快乐、悲伤、愤怒、恐惧和厌恶。11 岁之前，她的记忆里只有快乐。那时她住在明尼苏达，身边有爱她的父母、喜欢的同学。随着搬家的到来，她必须面对新环境，她的大脑也因此陷入了情绪危机。

在快乐小人和悲伤小人的争斗中，两个情绪小人误打误撞地跌入了大脑之外的领域。于是莱莉再也感受不到快乐和悲伤。她从此性情大变，成为问题少女。由于她只剩下了愤怒、恐惧和厌恶这三种情绪，导致她甚至无法和别人进行正常沟通。

为了让莱莉恢复正常，快乐小人和悲伤小人必须尽快回到大脑，并为此展开了奇妙冒险。快乐小人原本很不喜欢悲伤小人，因为只要它出现，莱莉就会流泪和喊叫。在快乐小人的打压下，悲伤小人也感到自卑。但随着两人冒险进程的展开，悲伤小人展现了很多本领：它帮助两人成功度过了“抽象思维区域”；它用悲伤的共情，换来了小女孩幻想角色 Bing Bong 的信任；当两人来到“梦想区域”时，它的想法也比快乐小人更有效。

随着 Bing Bong 的牺牲，快乐小人亲身体会到悲伤，终于认识到悲伤情绪的作用，懂得了所有情绪的价值。最终，两个小人回到了莱莉的大脑，她恢复了活力。

这部动画片用独特的创意和美妙的艺术形式，向人们展示了这样的道理：没有糟糕的情绪。正是不同情绪的出现，才让我们有能力去感受丰富多彩的世界。

举例来说，没有人喜欢恐惧感。但如果恐惧感离开了我们，所有事情都会变得像恐怖片。我们不再害怕过马路，什么样的红灯都敢闯；我们不再检查防火设施，这会导致火灾此起彼伏；我们也不会担心触电，于是意外频繁发生……

没有人喜欢悲伤，但如果没有了悲伤，我们就没有了对他人的共情能力，也感受不到他人的痛苦，于是我们失去了交际能力。更重要的是，我们也缺乏对自身痛苦的感知能力，那也就无法爱自己了。

没有人喜欢愤怒，但如果缺乏这种情绪，你就会失去任何正义感。到那时，无论自己还是他人的权益受到侵犯，你都会无动于衷。

许多负面情绪都是如此，它们尽管名声不佳，但同样具备重要作用。更何况，正面情绪和负页情绪是紧密联系的，如同硬币的正反两面。如果一个人缺乏了负面情绪，他不仅可能丢失情感，也会丧失心理能量。

解读情绪，离不开想法

在正确解读情绪的过程中，察觉情绪背后内心的声音同样重要，即看懂“想法”。

任何情绪的背后，都隐藏着独特的想法。不安缘于脑海中浮现的担忧，恐惧是内心深藏的危险，快乐来自愿望被满足，烦恼出自现实违背了意愿。

如果没有了想法，是否还会有那些情绪？答案当然是否定的。想法意味着对某种目标状态的执着。如果不再执着，也就不会具有某种情绪。越是被想法所约束，对应的情绪也就越是高涨。

因此，当你感到负面情绪到来时，要去看看那些让你紧张、痛苦、烦恼、恐惧、不安情绪的背后，藏着怎样的想法，然后试着理解、改变。

例如，你想要读懂自己在工作中的愤怒，那就要从制造这种情绪的想法开始。

你到底是不想受到别人的控制、管理，还是觉得对方管控方法不对、不尊重自己？你到底是因为个人利益没有得到满足，还是仅仅觉得别人超过了自己？如果仔细观察那些躲藏在负面情绪背后的内心意图，你或许就会在解读情绪方面有所收获。

你找到了产生愤怒的想法，发现是“同事没有接纳我的意见”。你随后发现，“同事为什么无视我的意见”只是你的想法，而“生气”则是因此形成的情绪。随着“生气”情绪的力量越来越大，“同事为什么会这样”的想法则挥之不去。于是情绪又反作用于想法，想法则继续进一步塑造情绪，负面循环就这样产生了。

破解负面循环

打破负面循环，是终结情绪问题的最佳方法。

你应该仔细观察对方为何不愿接纳你的意见，是由于他们确实无视你，还是他们没有理解你的意图。你可以分析这些原因，再逐一调整行动。例如，如果对方是故意无视，你可以直截了当地表达个人看法，但如果只是后者，你的想法应该是如何解释论证清楚，让他们尽快理解你。

面对同样的情境，想法不同，情绪也会不同。如果你养成了用积极想法去思考问题的习惯，那么产生积极情绪的可能性也就更大。

下一次，当你感觉负面情绪到来时，不妨学着用自我教导的方法，改变原有的思考习惯，用正面想法解读负面情绪，以此达到自我平复的目的。不仅如此，你还要学会辨识那些不合理的想法。当它们出现时，就要引起内心的充分重视，及时转换思维，避免任何奇怪想法将自己推向负面情绪的更深处。

ABC 情绪法则：信念决定情绪

当你处于情绪低谷时，内心就像长满荒草。此刻，无论用什么样的方式去清扫，都只会让荒草不断蔓延。

与其如此，你倒不如停下来，静静凝视内心，看看那些负面情绪究竟如何蔓延。再想一想，它们究竟从哪里来，又想要去哪里？

由内向外，或由外向内

很多时候，负面情绪并没有那么强的破坏力，却总是让人无法安稳。它像调皮的坏孩子，总是喜欢在这里或那里，搞点出人意料的小破坏。如果你想要去抓住它，它就立刻逃走消失，再跑到下一个地方。

你或许会问，这坏孩子到底从哪里冒出来的？谁能管管？其实，它既与外界有关，也是你的化身。

你可能会说："如果没有外界乱七八糟的事情影响，我怎么可能会有负面情绪？"

先别急着反驳，来看看我的咨询案例。

有一天，我收到陌生朋友的留言："老师好，我是你的粉丝。我感觉自己要被气死了。"

看到这里，我吓一跳，以为发生了什么悲剧。

"我女儿太不听话了。她上初中的时候，我和她父亲离婚，为了不耽误她的前途，我就没有再嫁。现在她大学毕业，听我的话考了事业单位。我本以为她很快就会谈恋爱、结婚生子，但她不知道在哪里交了群狐朋狗友，动不动就去夜店泡吧，或者周末直接消失。我问她，她总骗我说单位太忙。我发现了，她又说是工作压力大要休息……我真是不懂，她是不是学坏了？我很生气，也很伤心，我该怎么办啊？"

看完这些留言，我一时无语。毫无疑问，这位妈妈对孩子的爱是真实的，但她的负面情绪也很真实，那么问题究竟是从哪里来的呢？

"我要被气死了"，这位妈妈觉得是女儿在气她。但如果是女儿来和我咨询，第一句话应该也是"我要被我妈气死了"。

其实，在外人看来，并没有谁在故意气谁。女儿已经成年了，去夜店是她的自由，妈妈不喜欢她去夜店，只是妈妈的看法。

"为了不耽误她的前途，我就没有再嫁。"这似乎是妈妈负面情绪的根源。但没有再嫁是如何与女儿的前途绑定的呢？她没有解释，我也并不清楚。即便其中有关系，那也是她当年的选择。如果就此认定女儿应该一辈子完全听从她的建议，那么亲情是否变成了交易？

“她一直很听话”，在我看来，这样形容一个23岁的女性似乎不太正常。这样的评价更多应用于儿童，而不是成年人。

总体而言，这位妈妈认为女儿永远只能属于自己，不能有独立意志掌控外的行动。否则，她就“快要被气死了”。这种情绪问题，根源不在于外界，而在于她内心的控制欲。换而言之，即便女儿下班不是去夜店，而是去书桌前学习到深夜，只要不符合“结婚生娃”的标准，她就会“快要气死了”。

现在，你认为她的负面情绪来自哪里？外界，还是自我？

类似这样的情况，其实每个人或多或少都会经历。许多人认为自己的坏情绪由别人带来，实则由自我产生。

例如，在职场中，当领导欣赏你、表扬你时，你会感到开心。当领导批评你、误解你，你就会感到难过。看起来，你的情绪是由领导直接决定的。

又如，在亲密关系中，如果你的另一半对你呵护有加，或者尊重爱护，你就会感到高兴。如果对方不愿意听从你的建议，或者不想陪伴你做某件事，你就会感到生气。此时你的情绪似乎又是由另一半决定的。

这些情况仿佛都在告诉我们，是外界环境让我们产生了情绪的变化。但如果你真的追究下去，又发现不太对劲：我的情绪为什么会由别人决定呢？正如那位向我咨询的妈妈一样，既然孩子已经成年，为什么她的情绪还要同孩子的行为如此紧密绑定呢？

情绪究竟是从内向外而生，还是从外向内而来？心理学家为此创建了专业的理论体系。

情绪 ABC 理论

著名心理学家阿尔伯特·埃利斯提出了情绪 ABC 理论。该理论认为：人的情绪并非由某一件独立的事件诱发而导致产生，而是由个体对某一特定事件作出的解释和评价引发。其中，A（Activating event）是指诱发性事件，即在客观世界中发生的事情。B（Belief）是信念，即人在面对该事件后产生的所有信念，包括他如何看待、解释和评价这一事件。C（Consequence）是指在特定情境下个体情绪和行为的结果。

通常情况下，人们都认为是 A 直接导致了 C，即发生了什么事情，就会引发什么样的情绪体验。但如果仔细思考，就会发现个中逻辑并不合理。

面对完全相同的情境，两个人产生的却是截然不同的情绪和行为反应。小王觉得无所谓，还会因此更加努力工作。小张却受到负面影响，无法集中精力做事情。

从如此常见的例子就能看出，人的情绪、行为反应，固然和客观事实（A）有关系，但更重要的是担任桥梁角色的信念（B）。

在每个人的情绪和行为背后，都有他们对事物的思考、看法和理念，统称为信念（B）。当一个人面对客观事实（A）时，是信念承担了解释客观事实（A）的重任，它在解释过程中，也在塑造行为结果（C）。因此，情绪虽然受到外界客观影响，但最终是你的内心解读决定了情绪。

如图 3-1 所示，不同的 B 就会导致不同的 C。

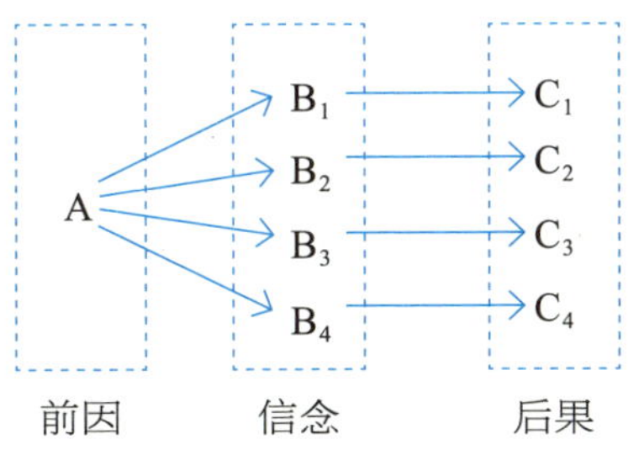

图 3-1　情绪 ABC 理论关系图

情绪 ABC 理论的重点关注对象是人的信念，信念如同一座桥梁，将事实和情绪联结起来。正所谓“一千个人眼里就会有一千个哈姆雷特”，这是因为不同人的信念各自不同，就会产生一千种看待哈姆雷特的情绪。

但世界远比哈姆雷特要复杂，如果你采用了不合理的信念看待大千世界，你的情绪迟早将会遭遇问题。

信念决定了我们的情绪

人既可能表现为理性角色，也可能表现出不合理性。信念可以是合理的，也可能并不合理。合理信念能塑造出人们恰如其分的情绪行为结果，而不合理的信念则恰好相反，它将导致不适当的情绪行为结果。

坏情绪背后的信念

埃利斯总结了他认为在西方社会常见的合理与不合理信念，总共有 11 种。

表 3-1　西方社会常见的 N 种合理与不合理信念

序号	合理信念	不合理信念
1	无论别人如何看待我，我都是有价值的	我一定要获得生活中每位重要人物的喜爱和赞许
2	我尽力而为，即便失败了，我的价值也不会因此受损	我是否有价值，取决于我能否在人生中的每个层面都有成就

续表

序号	合理信念	不合理信念
3	大多数人会做错事，但不意味着他们是坏人	世界上有些人很可恶，应该对他们作出严厉惩罚
4	不可能事事如意，我只能努力争取，如果改变了就要接受现实	如果事情走向错了，情况就会变坏
5	情绪是由自我信念产生的，是能加以改变的	不愉快的事大都是外部环境导致，自己无法改变，也很难改变痛苦和困扰
6	承担责任是合适的态度	面对责任很不容易，不如设法逃避
7	我应尽量避免发生危险，如果避免不了就要设法减轻危害后果	我应随时随地担心危险，确保其不会发生
8	我应该独立，并承担自己的责任，但我也不会拒绝朋友的帮助	人必须依靠强者，“背靠大树好乘凉”
9	过去固然重要，但更重要的是现在	人的以往经历会决定其现在，这种影响无法改变
10	人应该尽力而为帮助弱者，但也要接受他们的现实	人应该有同情心并帮助弱者
11	并非所有问题都有完善的解决方案	所有问题都有最好的答案

表中的这些不合理信念体现出三个方面的共同特征，分别是绝对化要求、绝对化概括和绝对化糟糕。

绝对化要求，是指人们习惯以个人意愿来评价某事物是否应该发生，其常见词语包括“希望”“想要”“必须”“一定要”等，以及“我一定要成功”“别人必须支持我”等。这种绝对化要求违背了不同客观事物的自身变化规律，全世界的变化不可能依个人意志而转移。如果你持有这样的信念，一旦某些事物的发展方向与其相背离，你就会感到无法适应和接受，从而产生情绪问题。

绝对化概括，是指人们习惯了以偏概全的不合理信念，它经常将“有时”“少数”过分概括演变成“总是”“所有”等，容易表现为对自身或他人的“贴标签”行为。习惯这种信念后，你就会经常用他人所做的某一两件事来评价他们，你也会同样如此对待自己，由此造成自卑、敌意、偏见、嫉妒等情绪。

绝对化糟糕，是“一旦发生某件不好的事情，就会带来巨大灾难”的信念。最常见的有“高考没考好，一切都完了”“公司解雇了我，一切都完了”。类似信念都是缺乏理性的。实际上，任何事情都有其更坏的版本，并没有什么绝对糟糕的事情。但如果你采用绝对化糟糕的信念去看待那些坏事情，就会陷入很难走出的负面情绪。

埃利斯认为，如果人们总是坚持类似的不合理信念（B），那么无论他们面对怎样的事实（A），都会产生负面的情绪行为结果（C），最终导致情绪障碍的产生。

那位咨询我的母亲，面对“女儿喜欢泡夜店”这个事实（A），坚持“她不再听话了”的信念（B），就会产生“我要被气死了”的情绪行为结果。其实，她也可以形成“女儿工作稳定还喜欢社交”的信念，这样就会获得完全不同的情绪行为结果。

你大概也觉得这位母亲有问题，但换一种情境，你可能就难以理解了。

例如，绝大多数人都喜欢外界的表扬，不喜欢他人的批评，但偏偏有人反其道而行之。

我有位朋友明生，当工作单位的领导夸赞他时，他经常会发自内心地感到厌烦，而生活中有朋友说他做错了什么，他思考之后如果感到认同，就会很开心。

明生是怪人吗？当然不是，只是他的信念和普通人不一样。

普通人对待表扬和批评的情绪态度，归根结底在于常见的信念，即“领导对我的评价，会影响我的自信程度和职业发展”。从这个信念（B）出发，那么所有有利于培养自信、塑造职业形象的事实（A），都是有利的，都能引发愉悦情绪和行为（C）。

然而，明生的信念与普通人不一样，他的信念是“所有对我的评价应该是真诚的”。在这样的信念（B）审视下，所有夸赞只要不符合“真诚”，就会变成不利事实（A），自然会引发不良情绪和行为（A）。反之，所有批评只要符合“真诚”，就会变成有利事实，引发有利情绪和行为（A）。

明生说，自己相信古人说的“闻过则喜”，也相信现代职场上没有无缘无故的表扬，所有的表扬都取决于自己和对方的价值交换。领导对自己的表扬，绝大多数都是为了提供低成本的情绪价值，让自己更卖力地工作。如果领导真的肯定自己，就应该拿出真金白银，为自己升职加薪。

瞧，明生不仅有信念，还将信念变成了独特的理论，加以坚定地奉行。无论他的信念和理论是否正确，但起码明生清楚是这些决定着自身情绪，而不是别人。正因如此，职场上的他人评论，从来没有引发他的情绪问题。

遗憾的是，大多数人都没有了解过情绪 ABC 理论，也没有意识到合理信念的重要性。很多人在看待情绪时都会陷入误区，他们认为，引发情绪的是外部事实。自己无须对情绪负责。当他们情绪失控之后，也就不会觉得自己有任何过错，反而会将责任一股脑推卸到外界。于是，类似小张和那位母亲的问题总是会一而再，再而三地出现于不同人身上。

认识到信念的重要性，是改变的开始。信念（B）隐藏着人们读懂情绪、稳定情绪的关键钥匙。情绪 ABC 理论之所以推崇信念，是因为它并不会纵容你将情绪归因于外界，而是归因于内在。

从信念入手归因

当情绪和行为呈现为结果，你是否想过，原因从何而来？答案只有两种可能：或者归因于外，或者归因于内。

对外界的客观环境，人们很难加以改变。但如果主动改变自己的信念，内在因素将有很大机会被改变。正如“九型人格”理论的创始人之一海伦·帕尔默说：“改变别人，你只能做到很少的一部分，但改变自己，你有 100% 的机会。”

将情绪归因于外界，表面上会让人感到轻松，其实会让人更加为难。任何人对外界的改变能力都是有限的，这会导致他们的信念无法成为外部和内部的缓冲器角色，反而将外部的负面因素放大，造成内心的不安和困扰，塑造出更坏的情绪结果。

实际上，人们的归因思维不仅没有集中到内部信念层面，同时也会偏离外部事实。最终，即便外界没有坏事发生，人们也会错误解读、影响信念，塑造内心的痛苦情绪。

所以，当你的情绪出现问题时，先在内心找到对应信念，才能正确归因。这能避免你产生不合理的信念，进而萌发负面情绪。

从今天开始，你可以多进行归因练习，学会调整内心的感受，改善自己的情绪。

下面是常见的归因练习。

你可以在纸上画出一个表格（见表 3-2），将近期出现过的不良情绪（C）列出来，再回想一下客观事实（A），将之也列出来。

表 3-2　常见情绪归因表

客观事实（A）	信念（B）	不良情绪和行为（C）
客户提出了时间紧、任务重的工作目标		压力巨大，害怕客户打来电话
孩子提交了一份让你不满意的成绩单		生气，对孩子发脾气
好朋友无意中说出了你的秘密		惊讶、伤心，对友谊充满怀疑
高铁上有人大声喧哗		与人发生口角、斗殴

对照上述 A、C 两栏的已有内容，仔细回忆你当时究竟是怎样的信念，才会出现不良情绪或者行为。你可以将这些信念写进 B 栏。

表 3-3　常见情绪归因表

客观事实（A）	信念（B）	不良情绪和行为（C）
客户提出了时间紧、任务重的工作目标	目标完不成，客户或者上司会对我有看法	压力巨大，害怕客户打来电话
孩子提交了一份让你不满意的成绩单	孩子学习不认真，天天只想玩	生气，对孩子发脾气
好朋友无意中说出了你的秘密	好朋友会用我的秘密换取其他好处	惊讶、伤心，对友谊充满怀疑
高铁上有人大声喧哗	喧闹的人就是低素质人群，不顾周围人的感受	与人发生口角、斗殴

随后，再观察这些信念是否合理，包括其是否能帮助你改善和外界的关系，是否能调整你的情绪，或者是否可能伤害别人。

通过观察信念，相信你能发现生活、工作中绝大多数情绪问题的由来，即错误的归因模式。很多人一旦产生负面情绪 C，总是会觉得这个情绪是事实（A）造成的，而从未想到过信念（B）的问题。然而，如果不经过内在信念系统的共同作用，负面情绪（C）不可能单独产生。

在解读信念（B）时，不仅要看到其表面逻辑，更要深度解析背后的潜台词。

例如，“高铁上有人大声喧哗”属于事实。但10余年前，那时的火车上人声鼎沸，热闹如同集市，乘客却很少产生此类情绪问题。这是为什么呢？

对其归因可以发现，信念（B）认为喧哗者的行为是错误的，这种行为没有顾及他人感受，是低素质和缺乏公德心的表现。

然而，即便是低素质、缺乏公德心的人群，为什么就不能拥有高铁的使用权呢？原来，该信念背后的潜台词是：高铁的票价更高，购买、乘坐和使用者应该是对应的高素质人群。再进一步分析可知：能支付高票价者就应该是高素质人群。

显然，这样的逻辑就不太合理了，由此推导出来的信念（B）也站不住脚。在信念（B）解读下产生的负面情绪或行为（C）显然是没有必要的。

当你产生负面情绪时，往往并没有经过上述归因过程。这是因为人类的大脑先天“偷懒”，它会直接将原因归结于外部，而不是去深究信念背后的潜台词。你会“毫不犹豫”地开始生气，想要通过教训一下对方来改变A（事实）。显然，对方的信念（B）也同样强大，他们可不会轻易接受你这样的A（事实），于是口角就产生了。

推翻不合理信念

根据情绪ABC理论，对常见的不合理信念（B）进行归因，可以分为如下三类。

第一类，我必须取得成绩才能赢得别人认可。

如果坚持这种信念，一旦遇到突如其来的挫折、打击，甚至只是别人质疑的一个眼神、一句话，都很容易让你陷入焦虑、羞耻、内疚、后悔等情绪问题中，甚至会引发自卑、颓废的情绪。

例如，领导开会批评了自己两句，就觉得“我肯定太差了”，从而放弃了原本的努力，难以接受现有的工作，也不愿意承担领导安排的工作。

第二类，其他人对待我必须公平友善，就像我对待他们那样。否则他们就不是好人，应该受到惩罚。

这种绝对化的思想根源会让人刻意坚持对等交换的信念，即我对你有多好，你也必须对我有多好，而且你的付出不能比我的付出少。例如，当朋友相处的时候，你曾经帮过别人的忙，当你有事向其求助时，对方说自己很忙，建议你先向其他人求助时，你会想到：“你有困难的时候我帮助你，但我遇到困难时你却不愿意帮助我，你这个人太不讲道德了。”此后，你和对方的关系逐渐淡淡。

如果你摆脱这种信念根源，冷静下来仔细思考，就会发现对方可能真的是在忙，而并非故意逃避。你的负面情绪来自想得太多，对认为可以成功的事情没有成功而感到愤怒。

第三类，当我想要某种东西时，我必须能得到它。当然，我也不能得到讨厌的东西。否则，我就会感到痛苦。

这种缺乏理性的想法会演变成固执信念，例如，“我在股市必须挣钱”“我一定要追到那个女孩”“我不能被公司解雇”等。一旦发现自己的所得非所愿，就会陷入痛苦或失望中，甚至可能出现情绪或行为问题。

通过重建归因思维，我们可以发现，如果想要解决负面情绪问题，就要改变对事物的根本看法，形成合理的信念。所谓“合理”，就是要懂得向自己、向他人都提出合适的目标，而不是报以过高期待。

情绪 ABC 理论具有伟大的现实指导意义，许多人在真正学习和了解之后，都能顺利掌控自我情绪。无论对未来的目标，还是当下你遇到的事情，只要换一个信念，你就能从根源上掌控情绪。

或许你会问：“更换信念，不就是阿 Q 精神？”

阿 Q 精神虽然也有心理学上的道理，但情绪 ABC 理论当然不是精神胜利法。这种理论采用了深刻的理性方法来分析和解决深层次的信念问题，可以帮助人们解决生活、工作中的诸多情绪问题，而精神胜利法则是一种对自我价值的消极被动防御，并没有真正触及内心的信念。

请相信，任何不改变信念的做法，都只能让你暂时逃避自己的负面情绪。而情绪 ABC 理论才能让你真正成为情绪的主人。

缓解焦虑从改变信念开始

人生旅途中，焦虑情绪可谓无处不在、无时不在。一个人能否正确理解和面对焦虑情绪，很大程度影响着他能否有效地控制自己，能否真正成为自己的主人。

焦虑是指个人遭受挫折或者可能遭受挫折时在心理层面产生的紧张、恐惧和不安等情绪状态。焦虑由多种负面情绪叠加产生，主要表现为对威胁情况的预料而产生的精神紧张、忧虑不安。

焦虑既表现为精神现象，也可能伴随生理现象。过度的焦虑情绪会抑制人的思维，让注意力难以集中，记忆力减退，直到影响正常的学习和工作。

焦虑如同灿烂阳光下突如其来的庞大阴影，令人隐隐不安而又不知所措。想要摆脱焦虑，就要从探究焦虑根源开始寻找方法。

焦虑的根源

解读焦虑，应记住内心的矛盾是焦虑产生的根源。只有抓住不同矛盾，解读清楚焦虑的本质，才能以主动姿态控制它。

焦虑的主要根源是恐惧。焦虑和恐惧是两种相似的情绪，其共同特征在于对危险的感知、被威胁的体验，不同之处在于情绪持续的时间不同。具体而言，恐惧是当人感知到危险后的情绪反应，如果危险消失，恐惧也就随之消退。但焦虑往往是人对不确定危险的情绪反应，这种危险从何而来、有多大、会导致何种结果都无法验证。如果根本就没有危险，又何来危险的消失呢？可想而知，这种根源下的焦虑情绪很难消退。

没有恐惧，也就没有焦虑，那么具体是何种恐惧带来了焦虑呢？

恐惧分为两大类：适应性恐惧和非适应性恐惧。

当一个人面对客观危险，并能恰当地评价危险程度时，他产生的恐惧就是适应性的。这种恐惧情绪和危险程度相接近，能恰当地保护一个人。例如，大多数人面对毒蛇猛兽时产生的恐惧就纯粹而且真实，这种恐惧不仅是与生俱来的，而且近乎生物的本能，是千百年来在人类基因里传承下来的，它不仅必要而且有益。

然而，绝大部分焦虑则属于非适应性恐惧。这种恐惧指向的危险往往并不真实，其伤害程度随着不同人的信念而有所改变。日常生活中所说的“心大”和“心窄”就是指这种区别。面对同一种危险，“心大”“想得开”的人，可能安之若素，甚至根本觉察不出那是危险，也就谈不上产生非适应性恐惧而导致焦虑。相反，“心窄”“想不开”的人就会过于敏锐地意识到危险，产生担忧、质疑、疑惑、不安的情绪，最终导致产生焦虑。

因此，焦虑的根源是非适应性恐惧，它也是这种恐惧所能产生的最常见、最持久的衍生情绪。

不过，非适应性恐惧并非无端而来，它也不会毫无缘由地转化为焦虑。在焦虑产生的过程中，离不开外因和内因两大因素。

焦虑的外因和内因

每个人在生活、工作中都面临着外因和内因，当这些因素相互碰撞、融合、影响，个体内心就可能产生非适应性恐惧，进而演化为焦虑。其中，外因来自社会、家庭环境，而内因则与每个人的个性、抱负、早年经历、认知水平和心理承受能力有关。

通常而言，引发焦虑的外因主要是环境压力。

以学生家长群体为例，在这个时代，为人父母的焦虑最容易被理解，这与社会环境有密切关系。

首先，近年来国家虽然不断推行教育公平，并做了大量工作，但教育资源的分布现状有其历史原因，想要建设新资源格局也注定需要比较长的时间。

其次，中考分流、学历贬值的现实问题也在考验着家长的决策能力。我有位学员，原来对孩子的学业没有多大焦虑，觉得孩子随大流起码能上个高中。但后来她才知道，所在城市的中考普高升学率不到55%，这意味着孩子可能连高中都读不了，自己不知道该如何应对这样的现实。

实际上，即便孩子能顺利读到大学，引人担忧的外因依然存在：随着学历贬值，优质企业的岗位越来越倾向于对重点大学毕业的学生开放，普通学校的学生经常连面试的机会都没有。

最后，减负政策也是重要的外因。减负是好事，符合孩子的身心健康发展需要，家长也欢迎减负。但中高考的筛选属性没有变、升学率没有变，乃至社会就业倾向没有变，家长一边减负，一边还要想着如何把减掉的负再通过课外补回去，反而变成了“增负”。

凡此种种，都是诱发家长群体对子女教育焦虑的外因。面对同样的外因，有的父母特别焦虑，并将这种情绪不断传递给子女，有的父母则泰然面对，能保持平常心。其差异在于内因的区别。

什么是产生焦虑的内因呢？根据心理学家弗里斯顿提出的概念，这种内因是“无法容忍不确定的程度”，即人们对安全感、安定感的渴望。弗里斯顿认为，不确定性越大时，人们越是渴望安全感、安定感，其焦虑程度就越高。反之，当不确定性减小，或者人们已经具有较高的安全感、安定感，其焦虑程度就越低。

面对同样的社会升学就业形势，有的家长对孩子教育成长在早期就作出了清晰规划，无论学习成绩是否优秀，都准备了对应的发展方案。这样的家长具备了较高的安全感、安定感，对孩子的教育焦虑情绪就比较少。同样，当他们把孩子和其他孩子进行比较的时候，也会由于孩子的优势、特长具有充分确定程度而不会轻易焦虑。

因此，焦虑情绪的产生既和环境压力有关，也同个体如何看待环境和自己密切相关。我们很难改变环境，但我们能改变自己，尤其是改变焦虑背后的信念。

诱发焦虑的信念

契诃夫的短篇小说《小公务员之死》讲述了这样一个故事：

这原本是一个美好的晚上，庶务官切尔维亚科夫来到剧院欣赏歌剧。不料突如其来的喷嚏，让他的唾沫星子溅到了坐在前排的长官身上。

庶务官非常担心长官对这件事的看法，他先是小心翼翼地道歉，对方也毫不在意地表示了原谅。过了一会儿，庶务官感觉还是很担心，于是他换了一种语气再次道歉，长官虽然感到奇怪，但也礼貌地表示了回应。过了片刻，庶务官总感觉刚才不够礼貌，又展开了新的道歉……如此三番五次，长官根本没办法安静看戏，顿时大发雷霆，让他滚到一边去。

可怜的庶务官被吓得屁滚尿流，他无心看戏，哆哆嗦嗦地回到家，躺在床上，一病不起，最后居然被吓死了。

这篇小说的背景是 19 世纪 80 年代的俄国，当时正处于沙皇统治下，社会充满恐怖、冷漠和悲哀。人与人之间相互不信任、上级与下级之间相互欺骗、穷困阶层和富裕阶层之间相互仇视……这些都是令庶务官如此焦虑的外因，但造成其人生悲剧的核心因素则是内在信念。他相信“如果道歉不够真诚，就会被长官无情打压”这个核心逻辑，尽管长官并非其顶头上司，尽管长官表示接受了道歉，他的想法却始终不变，反复铸造成为坚定的信念，这种内因导致的焦虑剥夺了他的生命。

太阳底下无新事。古往今来，人们的焦虑绝大多数都与“如果怎样，就会怎样”的信念有密切关系，这种信念在逻辑上表现为负面推理，即从某种前提出发推导出负面结果。例如，“如果我不天天加班，我就会被淘汰”“如果我的孩子没有赢在起跑线，那他这辈子就没前途了”等。如果我们对这些推理深信不疑，焦虑感就会越来越强。

实际上，负面推理本身并不科学，而对负面推理的坚信也忽视了事物发展的其他可能。如果你坚信“如果孩子不赢在起跑线，这辈子就会没有前途”，不妨从科学客观角度来质疑这种信念，是否有可能“虽然孩子小时候不优秀，长大了也会找到自己的发光点？”答案当然是肯定的。

对焦虑信念的质疑是必要的，无论这种质疑看起来有多么不符合你既有的认知，你也要学会说服自己接受这种质疑。随后，你就可以更改你的信念，用新的信念取代原有的信念，例如，“人生是一场马拉松，如果我的孩子小时候学习不那么紧张，那可能他会更快乐，人格发展得更健全。虽然输在了起跑线，但是在人生的后半程赢了，也一样是赢家”。

焦虑来自内心信念，摆脱焦虑需要从内而外开始，主动推翻负面推理，消灭产生焦虑的内在信念。

方法不对会让焦虑持续加重

人们越是了解焦虑，就会越讨厌焦虑感。为摆脱焦虑，人们学会了使用不同的处理方法。以下三种方法很常见，使用这些方法，在频繁见效的同时，也可能带来新的问题。

收集信息 VS 信息垃圾

未来的不确定性，会让人们感到焦虑。

学生时代，如果你不清楚期末考试能否通过，就会感到焦虑。但如果考试之前，老师透露说自己批卷很宽松，只要能准时上课出勤的同学都不会“挂科”，你的焦虑就会大大减轻乃至完全消失。

由此可见，收集更多信息并调整预测，能一定程度减轻焦虑。

在收集信息的过程中，不仅要收集“积极”信息，还要学会收集“负面”信息。例如，有些人总是担心自己购买的投资产品价格会下跌，此时可以收集相关的“负面”信息，了解那些正在和曾经面对下跌情况的投资者是如何应对这种负面事件的。当你知道了更多应对方法，就能有效化解对这种负面结果的焦虑。

当然，收集信息并非多多益善。有时候，当你收集的信息过于庞杂，变成了信息垃圾堆，反而会带来更多不确定性。

在心理学上有个著名的“手表定律”：当一个人只有一块手表时，他只能依靠这唯一的标准来判断时间。但当他同时拥有两块或者更多手表时，他对时间的判断标准就会变得复杂起来。不同的手表会相互干扰，让人无法确定时间。

拥有更多的手表并不能让人更确定时间，反而会让他丧失判断时间的能力。同样，更多的信息也并不总是能让你预测清楚未来，也有可能让你丢失判断未来的能力，变得更加焦虑。

以常见的“家长焦虑”而言，原本你只知道孩子在班级的排名还不错，对此你还有些洋洋自得。但一场家长会让你获得大量信息：听说子涵同时上了4个补习班，她妈妈还在找第五个；听说浩然不仅钢琴六级，而且编程比赛还获了奖……你收集到的信息越多，反而可能越焦虑。

想要摆脱焦虑，你需要正确收集那些与你关系最紧密的事实信息，而不是庞杂无用的信息。但是，有多少人真正明白如何正确收集信息呢？

行动 VS 瞎忙

著名军事理论家卡尔·冯·克劳塞维茨说："人们会因为忧虑、想太多和毫无意义的恐惧，而让原本简单的行动变得困难。"他还认为，尽管准备工作很重要，但行动起来远胜于那些对不确定形势进行的思考。

在面对焦虑的战争中，事情也同样如此。为了战胜焦虑，就应尽快确定未来，减少不确定性，这必须通过目标具体化、行为具体化来实现。

你感到焦虑，很可能是缺乏具体目标所致。例如，你想要成为公司里的骨干员工，但你不知道如何才能实现，故而为此感到焦虑。

此时，你真的有目标吗？的确有。但这个目标只能说明确，而非具体。具体目标必须是具象化的、有载体的、有物质感知的。

你想要到城市郊外公园去旅游，这是明确目标。

你制定了路线图，从某处到某处坐地铁，从某处到某处步行，最终抵达公园，并在如茵绿草上享用野餐……这一系列的具象物质感知，才是具体的目标。

明确目标，只是你的设想，即在地图上看到了公园的地点。

具体目标，则是你的感知，即你提前感受到公园的所有氛围。

只有设定了具体的目标，行动才有可能具体化。你想要坐上某号线地铁，才会下楼去地铁入口；你想要享用野餐，才会准备好野餐篮子、地毯和帐篷……随着具体行动的展开，你实现了一个个具体的小目标，焦虑才会随之不断减轻。

然而，如果你的目标并不具体，你的行动就有可能变成“乱动”，即日常所说的瞎忙。

在生活和工作中，绝大多数问题远非去公园郊游这样简单。小到升学考试、结交朋友，大到职业选择、婚恋大事，其中有太多普通人难以预判的动向、难以拿捏的因素，让你根本无法设定出一个个具体的目标。在这种前提下，很多瞎忙似乎也是难以避免的。

有时，焦虑情绪还会让人走向强迫行为或拖延行为，这看似是两种极端行为，其实本质相同。例如，当一个人对工作质量感到焦虑时，他就会形成反复翻阅过去文档的习惯，这种类似于“强迫症”的行为体现出其内心缺乏安全感。他也可能形成尽量拖延提交工作结果的习惯，这同样表现出其内心对结果获得的评价缺乏安全感。

很遗憾，瞎忙并非真正的行动，它不会让你减少对未来的焦虑。它们更像一种自我欺骗，当大脑感知到人体在不断运动时，它就会向你发出欺骗信号，告诉你未来结果很好，于是焦虑感也会随之降低。但是，瞎忙并没有实现具体目标，而当你发现这一点后，焦虑感不仅会卷土重来，还会变本加厉地报复。于是你继续不断地瞎忙，直到身体和意志都拖垮了。

只有真正的行动能摆脱焦虑，但又有多少人能区别瞎忙和真正的行动呢？

不断自我麻醉

相比前两种应对方法，这种应对方法的弊病更为显著。

随着社会竞争压力变大，现实中，一边说自己焦虑了，一边麻醉自我的人正在变多。有人看网络小说，每天看四五个小时；也有人通宵彻夜打游戏；还有人抽烟、酗酒，或者选择刷短视频……如果亲朋好友对此有所异议，他们会说："我又没有违法，这只是兴趣爱好。"

其实，这并不是他们的兴趣爱好。真正的兴趣爱好能让焦虑感荡然无存，转而带给人新的情绪体验，即期待感、成就感和幸福感。

我有学员从看网络小说起步，走上兼职写作之路，不仅名利兼收，还体验了作家的成就感。也有学员从打游戏起步，走上游戏解说之路，拥有越来越多的粉丝，开辟了新的职业版图。对他们而言，看小说、玩游戏并不是麻醉，而是兼容了兴趣爱好的事业。

其实，什么是麻醉，什么是兴趣爱好，其区别并不在于究竟做了什么，而是做完后你如何回归现实。当你看完小说、打完游戏、刷完短视频后，能轻松自如地面对生活，不再焦虑，那就是健康的兴趣爱好。反之，当你做完这些，面对现实的焦虑感不仅没有变轻，反而更加严重，那就只能是自我麻醉。

如果你选择了自我麻醉，就只能在沉浸其中须臾片刻，感觉自己对眼前的事物有足够控制能力。但当电脑或者手机屏幕关闭，或者是烟抽完、酒醒后，你会发现面对的现实世界只会让你更焦虑。

自我麻醉无法帮助你找到行动方向，反而让你没有时间、耐心、注意力去思考和行动，你的生命状态在自我麻醉中越发低迷，最终也无法真正摆脱焦虑。

相比前两种应对方法，自我麻醉是更明显的逃避，并不能真正解决焦虑问题。那么，究竟应该采取怎样的科学方法，才能由内而外彻底搞定焦虑呢？在本书的第四章中，将揭开这个谜底。

抑郁情绪的根源

抑郁情绪，是指人在外部压力和无助心理下产生的负面情绪，其特征为压抑、消极、悲观，包含了自卑、痛苦、羞愧、压抑等复杂感觉。现代社会，抑郁情绪很常见，它同焦虑一起被称为“时代情绪病”。

从工业时代开始，激烈的社会竞争就从未停止。为了在接近于达尔文主义式的斗争中生存下来，人类在情绪、心智上都付出了代价，抑郁与焦虑就是不断发展的现代文明社会让人类集体付出的最常见的情绪代价。

心理学家经常将焦虑和抑郁放在一起讨论。焦虑是怪诞的千层饼，里面压缩了紧张、恐慌、嫉妒等情绪，抑郁则是另一种千层饼，它压缩了悲伤、忧愁、自责、羞愧等情绪。它们是负面情绪家族里的孪生兄弟，长时间的焦虑可能会转化为抑郁，而抑郁则是追寻人生意义而生成的长期焦虑。通常，情绪出现问题的人会在抑郁与焦虑之间反复切换模式，不断被这对难兄难弟所纠缠。

要摆脱抑郁的纠缠，要从真正认识和了解它开始。

抑郁，并不是抑郁症

人有悲欢离合，月有阴晴圆缺。谁的生活都不可能一帆风顺，当遇到困难、挫折和打击时，我们会产生“心情不好”“看什么都没意思”“毁灭吧”等情绪。随着次数增加，你可能会想到：我这算不算是抑郁症？

不用担心，抑郁情绪人人都有，抑郁症却并不常见。我国成人抑郁症患病率只有 3.4%，这意味着每 100 个感到过抑郁的人里，其实只有不到 4 个可能是抑郁症。

从根源上看，抑郁情绪和抑郁症有本质的区别。抑郁情绪大多来自外界具体原因。比如，女朋友说要分手会抑郁，被上司批评了一顿会抑郁，过年被亲戚教育了会抑郁，可能有人去买偶像演唱会的门票，没有占到好位置，也会抑郁。想要改变这些抑郁情绪，主要靠自我或他人的心理干预。“心理干预”这个词听上去复杂，在生活中其实很简单，比如一顿美食、一首好听的歌曲、一场朋友聚会，就能轻松带走抑郁情绪。

抑郁症则大都和生理因素有关。即便没有发生任何不愉快的事情，抑郁症患者也会感到难过，即失去了“感受快乐”的能力。不仅如此，抑郁症患者在饮食、睡眠等方面都会受到负面影响，发作时可能会整天卧床无法行动。严重抑郁症患者甚至会伤害自己或者自杀，而有抑郁情绪的人则很少会产生这种想法或行动。

罹患抑郁症者的身体产生了各种变化，想要获得治疗，就要在心理干预的同时接受药物治疗。此外，抑郁症还很容易复发，它是周期性、反复发作的疾病。如果真的怀疑自己得了抑郁症，应该到医疗机构寻求对应的诊断和治疗。

当然，困扰绝大多数人的其实只是抑郁情绪。

抑郁情绪的根源

想摆脱抑郁情绪的纠缠，就要尝试挖掘其根源。导致抑郁情绪的原因有很多，主要包括以下几种。

第一，负面事件。

生活中的负面事件是抑郁情绪最常见的根源。比如，竞争失利、重病缠身、贫困潦倒、亲人去世等，引发抑郁是很正常的现象。即便这些事情在漫长的人生道路中可能只是一个插曲，但在其发生之初带来的情绪冲击却是很大的。

有位学员曾经在课程中这样分享："大三那年，女朋友和我分手了，对那时的我而言，这就是最大的人生变故了！我痛苦不堪、郁闷无比，夜里到宿舍楼楼顶去淋雨，白天不去上课，躺在寝室流泪。但时过境迁，20 年后我在同学会上和她重逢，简直觉得那时的自己太幼稚、太可笑了，因为我现在的太太无论是外在还是内在，显然比她要优秀太多了。"

生活中遭遇变故，确实让人难受，但最难受的部分在于变故到来的那一瞬间，那时的你会觉得悲伤且无助，对自己能不能走出变故缺乏信心。例如，在失恋这件事上，学员之所以抑郁，原因在于“丢了个女朋友”的悲伤，加上“不知道能不能找到更好女朋友”的绝望。在这种悲伤和绝望的双重打击下，感到抑郁并不奇怪。

第二，消极感。

容易体验到抑郁情绪的人，通常都是容易产生消极感的人。例如，“我不够好”“都是我的问题”“我毫无价值”等。

一个人如此看待自己，自然会产生悲伤感。但如果认为自己还能进步，就不至于经常消极。只有当他不断遭受挫折，最终失去信心后，才会体验到抑郁情绪。

第三，责任感、意义感不足。

产生抑郁情绪的另一种原因，是在工作、生活中缺少责任感。

网上有这样一种说法：“工地上的农民工顶着烈日工作，汗流浃背，为什么不会抑郁？坐在写字楼里的白领每天都有空调吹，为什么天天喊着抑郁了？”如果只是看工作环境和体力劳累程度，当然无法解释，但如果看是否有责任感，情况就不一样了。

农民工虽然很辛苦，但他们往往承担着养育一家老小的责任，只要他们做满时间、拿到工钱，孩子就能上学、妻子就能买几件新衣服、家里的房子就能翻新，这些具体责任推动着他们积极面对工作。即便可能遭遇工钱拖欠，他们也会选择持续行动来设法讨薪，很少被抑郁情绪纠缠。

与此相反，容易被抑郁情绪纠缠的人群，口头禅就是“丧”。这个字在互联网亚文化层面意味着缺乏责任感、意义感。一些人由于遭遇过希望破灭而产生悲伤情绪，以致对什么都提不起兴趣，对什么都不愿去体验和尝试，这构成了许多年轻人的抑郁情绪来源。

将上述三种根源加以归纳发现，抑郁的共同根源在于“悲伤 + 绝望”。

战胜抑郁先拆解负面信念

与战胜任何负面情绪一样，想要战胜抑郁，必须战胜其背后的信念。当遭遇抑郁的纠缠，要重新衡量这个对手，将之精准拆解，为破解其根深蒂固的信念奠定基础。

抑郁：悲伤 + 绝望

抑郁与悲伤，是两种彼此有所关联但又存在差异的情绪。抑郁是一种负面情绪状态，表现为情感低落、悲观苦闷、热情减退等。悲伤则主要来自分离、丧失和失败，表现为意志消沉、孤独感和挫败感等。通常，抑郁持续时间长，原因通常不明显，而悲伤持续时间相对短，原因更为直接。

抑郁者经常会被周围误认为处于悲伤中，这可能和他们表现得情绪低落甚至以泪洗面有关。但是，悲伤属于原生情绪，而抑郁则几乎永远是衍生情绪。通常而言，不会有人对事情的第一反应是抑郁，但可能是悲伤。随着悲伤这列快车不断加速，让人们感到无法摆脱，才会遇到“绝望”这堵墙，并产生复杂的抑郁情绪。

当一个人遭遇打击，自然会感到悲伤，但如果尚未失去希望，就谈不上抑郁。悲伤并非完全意义上的负面情绪，只要有希望，悲伤就具备一定的正面价值。

《悲惨世界》的主角冉阿让，一生遭遇了种种坎坷。年轻时，他为了帮助姐姐抚养 7 个孩子，在面包店偷了一块面包。仅仅因为这样的“罪行”，就让他被判刑 5 年，由于他思念亲人，多次想要越狱，被不断抓回去追加刑期，受了 19 年苦刑。

出狱后，冉阿让必须带着黄色的通行证谋生。这种通行证犹如追随他一生的标签，走到哪里他都会被歧视，住店、吃饭都会被拒绝，更不用说找工作，甚至连住在马棚里都不被允许。

遭遇了这些，冉阿让难道不悲伤吗？他当然悲伤，但他并没有绝望。在人生的关键时刻，他遇到了米里哀主教，主教用博大的胸怀感化了他，给了他当时社会少见的人性关怀，将他从再次犯罪的深渊拉了回来。

从此以后，冉阿让走出了人生低谷，走向自我新生。他通过不断努力，终于出人头地，从普通工人成为企业主，又当上了当地的市长……

冉阿让经受了那么多打击，当然会有悲伤情绪。但抚养亲人的责任感始终敦促着他，后来主教的关怀又感化了他，让他对世界和人性重建希望。

冉阿让虽悲伤过，但他从不向命运投降，因此整部小说里作者也没有将这个人物同“抑郁”联系在一起，最终树立起不断感召一代又一代年轻人奋进的文学形象。

抑郁，来自个体对悲伤后果的无限放大、对悲伤时间的无限延长。在人生的某个艰难时刻，你如同驾驶车辆在伸手不见五指的隧道里茫然行驶，这样的遭遇，让你感到悲伤。只要你觉得这个隧道迟早会穿过，你就不会陷入绝望，更不会因此抑郁。但如果你默认了命运安排，觉得进入的是无尽黑暗，永远都无法与光明重逢，主宰你的也必然是抑郁魔障。

换而言之，在面对令人悲伤的事情面前，一旦产生绝望情绪，就很可能导致形成“会这样一直持续下去”的信念。运用如此信念（B）去注释事实（A），这就是抑郁（C）的诞生。

战胜抑郁：松动和翻转信念

为什么人一旦进入抑郁状态，就难以彻底摆脱？这是由其信念的作用方式决定的。

当人遭遇挫折、打击时，刚开始总是会感到悲伤，随后希望能借助努力来翻转局势。然而，并非每个人的天赋、资源都是足够的，再加上方法不当、时机不对，再次尝试依然可能陷入失败，获得的反馈结果也显然不如预期。

此时，悲伤感会更强，成功的希望则变得更加渺茫，如果内心信念没有及时调整，其努力投入的程度也会减少，自信心也会下降，这会导致反馈的结果更进一步变差。

随着挫折感和失败感一次又一次增强，最终，这个人会向自己证明："我确实不够好，我无法得到自己想要的一切……"

到此为止，他形成了坚固的信念，相信失败和挫折的影响将会持续下去，自己将无法摆脱悲伤的状态了。于是，抑郁就形成了死循环。

需要注意的是，这个人告诉自己的所有信息，其实都不是已经发生的事实。没有任何人能断言自己永远成功，同样也没有任何人能说预测自己永远失败。一旦这个人错误地形成了"永远失败"的信念，他就掉进了自己挖掘的情绪陷阱。

避免落入陷阱的方法只有一个，就是及时识破它们。我们不应该对没有发生的事实加以采信，更无须主观延长悲伤的持续时间。在此基础上，我们需要按"先松动、再反转"的顺序来破解信念。

第一，松动信念。

抑郁的产生来自过分"坚固"的信念，即非常确定自己再也无法改变某种状态。

从公元前 206 年 8 月至公元前 202 年 12 月，为了决定秦王朝的继承者，刘邦和项羽之间的全面战争延续了足足 5 年。这场战争改变了中国历史，也改变了无数人的命运。纵观战史，项羽在其中赢得多次小型战役，但输掉了最后一场战略决战，最终不得不饮恨自刎，刘邦则走向了开辟汉王朝的人生巅峰。

从战争艺术上看，项羽长于临场指挥，但短于战略目标，仅仅是为了战斗而战斗。刘邦虽然屡战屡败，但在谋臣良将和联盟伙伴的协助下，将初期的失利变成了诱敌深入的手段，积累了战略上的优势，最终完成了对项羽的战略合围，赢得了胜利。

在战争初期，刘邦面对一次次失败时，他的心态如何呢？其实，作为堂堂汉王，动辄被项羽打得落荒而逃，刘邦肯定也有过悲伤、急躁、失望等情绪，可能也产生过“我是不是真打不过他”的想法。但刘邦知道如何松动这种负面信念。当项羽想要找他一对一单挑决定胜负时，他果断地说“吾宁斗智，不能斗力”（我宁愿和你比智谋，也不和你比力气），潜台词就是你项羽的力气比我大，但智商就是没有我高，我迟早还是要战胜你的。

通过这种语言表露，刘邦完成了自我暗示：我有自己的优势，战胜项羽并非不可能！这样的暗示就像热水浇到了积雪上，松动了内心萌发的负面信念，也杜绝了冰冻三尺的可能。

今天，你同样需要警惕负面信念，对其及时加以松动。例如，你可能连续几次没有找到心仪的工作，“我根本配不上好工作”的负面信念逐渐滋生。此时，你必须立刻询问自己：“这是真的吗？这是有什么科学根据吗？”答案当然是否定的。

如果是更加复杂的负面信念，你就要学会抽丝剥茧、层层递进地分析各方面关系，找到其中的逻辑漏洞。

通过与负面信念的正面对峙，你才能松动其对不幸状态的夸大。当然，这仅仅是开始。

第二，反转信念。

为了彻底战胜负面信念，还应在松动的基础上进一步对其反转，建立完全相反的信念。

例如，“我根本配不上好工作”的信念松动后，可以不断提醒自己“接下来，我要运用新方法，更换努力方向，就能找到新工作”。

“经常和老公吵嘴，这样没完没了，不如当年不结婚”，同样是负面信念，在对其松动后，可以改为相信“我一定能从经验中学到方法，改变和这个男人的婚姻状态，他也就不会和以前那样了”。

对信念的反转，并非简单地逃避和否认，而是通过学习、思考和推演实现自我思维进化的结果。每个人的心智模式都会不断成长，信念也会改变，当我们改变了看待和分析事物的模式，导致抑郁的信念也就会被彻底推翻。

压抑和转移只是愤怒的初级方式

“如果那时候忍住就好了……”你是否曾因为愤怒的言行而后悔过？

“真气人，为什么倒霉的总是我……”你是否经常忍气吞声而压抑怒火呢？

愤怒是一种复杂情绪，简单化地释放或压抑，都无法顺利摆脱它。想要浇灭怒火，就要懂得如何从信念上正本清源。

常见的愤怒表现

人既是自然生物，更是社会群体。除被外界直接侵犯身体权益而产生的愤怒外，人们的愤怒情绪多半来源于价值观层面所感受到的不满。

具体而言，当你发现某种特定情况侵害了你的个人价值，或者侵害了你所处环境的整体价值，也就触犯了你多年形成的价值观。此时，你会认为“该发生的事情没发生”，或者“不该发生的事情发生了”，让脑海中的愤怒火苗就此点燃。

但在另一种情形下，愤怒则来自内心信念的差异。这种差异甚至根本不存在，仅仅出于我们脑海中的杜撰。

在职场中，这两类愤怒来源区别最为明显。由于竞争的激烈性、利益的复杂性，职场中有太多愤怒情绪暗流涌动。想要学会应对这些情绪问题，应该先从认识其表现开始。

首先是侵害个人或集体价值而引发的愤怒。

我曾对某次课程上的 156 名学员进行调查，请他们描述一件在工作中会激怒他们的事情。调查结束后，我和助手将这些事归为以下四类。

第一类，遭受委屈对待。例如，努力付出劳动却没有得到承认、任务比其他同事更繁重、被别人的错误牵连而受惩罚等。

第二类，被他人错误影响。例如，被同事推卸责任、被上司骚扰等。

第三类，被他人能力拖累。例如，团队成员拖延或错误、同事违反正常工作流程等，导致自身工作业绩不佳。

第四类，被他人不尊重。例如，上司无礼傲慢地批评、同事当众嘲讽或者人身攻击等。

根据我们对本次调查结果的统计，以上四类情形占职场愤怒原因的比例分别为 44%、23%、15% 和 11%，其他原因占 7%。从共性上看，这些情形导致人们看待职场的信念与现实产生了冲突，随之而来的就是愤怒情绪。

其次是违背个人内心信念而引发的愤怒。

所有对职场利益的侵犯，都属于容易解读的愤怒原因，能在短时间内被大多数人接受。相比之下，违背人们个性化的内在信念，同样会导致职场愤怒，这类愤怒往往会被不知情者误会，认为是“小题大做”甚至“故意挑衅”。

表 3-4　常见情绪归因表

人格障碍特点	常见信念（B）	常见诱因（A）
自恋	我很重要，所有同事都应该高看我一眼	感觉自己在集体不受重视，被当成普通人甚至被反对
偏执	我很弱小，我必须时刻保护自己，否则同事都会欺负我	同事开玩笑或上司作出批评
强迫	我必须将所有工作做到完美，否则同事都会看不起我	工作计划、习惯被改变或者不予接受
边缘	同事有责任帮助我、照顾我，但我不需要回应	觉得同事关心不够或者关心太多

我们可以对职场中常见的愤怒情绪作出如下总结：有时职场人的愤怒是出于其有意识感受到的利益受损，有时职场人的愤怒是来自其没有思虑周全甚至根本就未能考虑。针对不同的愤怒来源，结合事情的重要程度，人们经常会展露出不同的评估意识，并很可能走向或压抑或释放愤怒的结果。

然而，正如第一章中所提到的，无论是压抑还是释放，都有可能放任怒火伤害自己或他人。尤其是当个体采用“转移”这种特殊方式来对待愤怒时，情况会变得更加棘手。

愤怒的根源

你为什么会产生愤怒的情绪？从认知角度来看，愤怒的根源来自短时间内的心理评估，如果评估结果同时符合以下特征，怒气就会开始充盈。

首先，发生了你不愿意看到的事情。例如，你希望工作能按照预期完成，你希望客户能用尊重对待自己，你希望得到某种自己想要的东西……但总是无法得到。你感受到挫折感带来的失落，愤怒的火苗由此被点燃。

其次，这些事情是被外界因素刻意影响产生的。邻居第一次将车辆停在你家车位上，同邻居第 100 次将车辆停在你家车位上，这两件事导致的情绪会截然不同。对于前者你不会愤怒，因为他很可能是无意的，对于后者你会怒气冲冲，因为他绝对是故意的。

当然，判断“无意”还是“故意”，每个人都有自己的标准。在稍微复杂的情境中，你认为的“无意之举”，也许就是他人眼中的“刻意为之”。这就解释了很多时候为什么一方怒气冲冲，另一方却难以理解，从而导致双方矛盾的进一步激化。

再次，这些事情和我们的价值观相悖。每个人都有各自的价值观，并以此来判断哪些事情是能接受的，哪些是难以接受的。这种价值观与个人的家庭环境、教育背景、职业经历相关，也和人的性格有密切关联。例如，同样是面对陪客户这件事，根据不同的价值观，会产生不同的情绪。有人会认为“甲方既然出了钱，把他们陪好是理所应当的”，也有人会觉得“合作是双方的事情，我们并不是在拿客户的恩赐”。当客户在酒桌上开始灌酒时，前者并不会对此事感到愤怒，甚至还会欣然自得地配合，后者则有可能憋不住而产生愤怒情绪。

尽管会有不同价值观的差别，人们还是会有共同的价值观。例如，“老吾老以及人之老，幼吾幼以及人之幼”“己所不欲勿施于人”等，一旦有人悖逆，就会引起其他人的愤怒情绪。

类似的价值体系构成了人们的共同内在信念。人们用“应该”这个词来描述事物理应发展的方向，并用愤怒来对待“不应该”发生的情形。例如，“上级也应该尊重我”“社会应该是公正的”等。一旦人们发现内在信念和现实发生冲突，就可能面临愤怒情绪的冲击。

对愤怒的“转移”

转移，是将一种情绪从其原本触发的人、事、物上迁移到另一对象上。人们经常对愤怒情绪加以转移，这种特殊的释放方式看似解决了现有问题，但会导致新的问题出现。

事实上，动物身上也会出现对愤怒的转移行为。例如，当鸽子面对强大的天敌时，很可能会猛啄周围的地面。同样，它们也可能将愤怒完全压抑起来，如梳理自己的羽毛、模仿年幼的鸽子等，使对方停止攻击。

相比之下，人类转移愤怒情绪的机制要复杂许多。当大脑形成愤怒情绪后，复杂的转移机制能减缓愤怒冲击，对个体的身心健康形成了保护作用。

不妨设想如下情境：公司领导突然走进你的办公室，告诉你打起精神、提高工作效率，但其实你已经取得了不错的工作业绩，并且正忙得不可开交。

此时，你最直接的选择是口头回应领导，告诉他你现在很忙，而他正在浪费你的时间。

当然，这种情形基本不会发生，你的理智告诉你，这将带来更多麻烦。于是你选择了转移。

转移方式一：你连连点头，当领导离开后，你就狠狠批评了自己的助理。

转移方式二：领导离开后，你打开抽屉里藏着的薯片，塞进嘴里大口咀嚼。

转移方式三：领导离开后，你看着电脑屏幕，却幻想自己成为领导的上司，也能这样当众批评他。

转移方式四：假装自己和这件事根本没有关系，以第三者的视角看待，并迅速冷静下来。

转移方式五：用看似麻木的视角来重新审视整件事，将自己与已经产生的愤怒情绪隔离开。

转移方式六：用看似有理的解释，对自己的顺从态度加以辩护。

转移方式七：回忆领导和自己之间相处的恩怨，将怒气发到领导身上。

相比上述转移方式，以下转移方式更为成熟，它们能更有利于帮助人们在不否认愤怒的前提下获得更好的体验。

成熟转移方式一：下班后，你上网搜索，寻求专家帮助。

成熟转移方式二：没有向任何人提起这件事，决心不再想它，而是努力工作。

成熟转移方式三：对领导的表现感到好笑，觉得他不了解你，却自认为很了解你的工作。

真实的职场、生活远比类似情境更为复杂。大多数情形下，我们能采用的愤怒转移方式是多样化的，即便经验丰富的心理学家也难以完全拆分清楚。一旦采用了错误的转移方式，就会导致你陷入困境。

詹姆斯·乔伊斯的短篇小说《一对一》里，身材高大、思维敏捷的职员沃林顿深感上班的烦恼。某一天，老板挑衅地对他说："难道你觉得我是个白痴吗？"他在愤怒之下，轻蔑地说："先生，我觉得这都不算问题。"于是他立即被开除了。

走出公司后，沃林顿走进附近酒馆，将身上所剩的钱买了几杯酒灌到肚子里。回家路上，他才清醒过来，意识到自己彻底失业了。回到家里，年幼的儿子还在等待着他，连炉子里的火都没生。就这样，沃林顿将对生活、对上司和对自己的愤怒全部倾泻在儿子身上，他抡起皮带就要暴揍儿子。故事到此戛然而止，留给读者意味深长的遐想空间。

这个故事说明，"转移"和"压抑""释放"一样，都并非完美无缺的愤怒管理方式。真正能提升我们处理愤怒情绪能力的钥匙，依然是信念（B）。

松动愤怒背后的信念

普通人应对愤怒的错误方法主要有两种：一种是爆发，另一种是压抑。

如果选择爆发，意味着愤怒情绪不受控制地宣泄，为了达到暂时和短期效果，很可能引起难以承受的长期后果。即便有时你能因此获得想要的效果，但通常都会破坏长期关系的平衡。

与爆发相对应的态度是压抑，即将愤怒情绪完全掩盖起来。这会导致内心积压越来越多的“小火苗”，它们不仅对身体健康有负面影响，还会让人感觉自己无足轻重，带来更多令人愤怒的事情，形成恶性循环。当类似事情不断循环发生，终将压垮内心防线，导致破坏威力最大的爆发。

无论爆发还是压抑，都是错误的管理方法。只有从信念源头出发，才能正确地管控愤怒。

愤怒情绪的源头在于每个人所坚持的信念（B），当人们原本认为根本不可能动摇的信念遭受了现实侵犯或质疑时，都会产生愤怒的感觉。

然而，人们的信念是会不断变化的，当个体、立场、状况、环境发生变化，信念也会随之改变。那些认为个人信念放之四海而皆准的想法，是导致愤怒产生的症结，如果你能保持一定程度的怀疑来看待信念的逻辑性、现实性、效果性、灵活性等，将其中合理之处保持，将其中不合理之处推翻，就能从愤怒情绪对你的绑架中走出来，降低愤怒情绪的出现概率。

松动愤怒背后的信念

每种负面情绪背后的信念，都可以归结为特定句式。如表3-5所示。

表3-5　负面信念的特定句式

负面信念	特定句式
焦虑	如果发生……就会发生……
抑郁	如果再这样下去……就会……
愤怒	应该做……不应该做……

正如表中所示，绝大多数愤怒的隐含句式是“应该做什么”“不应该做什么”的道德评价。大到一场国际战争，小到孩子的表现，都可能引发类似的评价。例如，“M国总是到处发动对弱国的战争”，这句话背后，隐藏着“强国不应欺负小国”的信念。又如，“你考试成绩居然没到90分”，这句话背后，隐藏着“学生的成绩不应低于90分”的信念。这些林林总总的信念，构

成了普通人的价值观，维系着小到家庭、大到地球村的运转。

然而，并非每一种类似信念都是科学、合理、必要的。当它可能引发不必要乃至错误的愤怒时，就要加以松动。

为帮助学员松动根深蒂固的错误信念，我向他们介绍了神奇的咒语，它叫“通常”。

我对学员说：“当你感到愤怒时，先冷静下来，找到背后的信念，再将之归纳为一句话。”

我建议学员设想以下情境：

小长假到来了，你带着孩子来到景区。在入口处，许多游客排起长队，在工作人员的引导下有序检票进入。

突然，孩子发现有人挤到了你们前面，那是个胖胖的中年妇女。她一手提着包，一手也牵着孩子，嘟囔着：“怎么这么多人……”毫不在意被挤到身后的你。

看到插队，你怒上心头，“你怎么插队？你什么素质”这句话即将脱口而出。

我对学员说：“好了，到此为止，请在脑海里按下暂停键。请想一想，你愤怒背后的信念是什么呢？”

学员们相视而笑，纷纷说：“人不应该插队啊！”

我点点头，将“人不应该插队”写在黑板上，学员们看起来很满意。

我说：“‘不应该……’是愤怒的经典句式，但在‘插队’这件事里，能不能加上‘通常’？”

“通常，人不应该插队。”

看着我写在黑板上的字，大家陷入了沉默。我启发说："通常，人不应该插队。但万一呢？"

"是啊，万一这位中年妇女的钱包丢在了景点？而她没有钱包里的身份证，就会回不了家？"

"万一这位中年妇女是孕妇，园方安排她可以插队进去呢？"

当我说完这些可能，我问大家："如果是这些情况，你们还会像刚才那样愤怒吗？"

学员们摇了摇头，表情释然。

这就是"通常"咒语的作用。如果你将之加到"应该"或者"不应该"前面，也说得通，你会发现，世界上并没有那么多事情值得你愤怒，因为其背后信念都是针对普通情况的，生活中却充满了偶然和意外。

这就是对愤怒信念的松动。

化解愤怒情绪

如果人们花费精力去处理每一件让自己愤怒的事情，必然会身心俱疲。因此，你要学会根据事情的重要程度，形成不同的信念。

对那些重要而且可以改变的事情，应该集中精力、贯彻信念。相反，面对"股市下跌""上司无能"之类的事情，无论你如何愤怒，都很难改变现状。此时，你需要改变的就是自身信念。

例如，"股市下跌"意味着股价下降，你投资的股票价值不如以前。如果你坚持“买到手的股票应该上涨”的信念，自然会感到愤怒。但是，如果你反转信念，看到下跌带来了更多低价格股票，而这也是你摊平持股总成本的机会，或许你就没有那么愤怒了。

对于那些不重要的事情，诸如“孩子不肯上床睡觉”“妻子喜欢买化妆品”“同事爱拿我和上司的关系开玩笑”等，更是应该抱有平常心。既然这些事情并不会影响根本利益，也没有违背公共道德和社会法律，你就无须愤怒。在这些小事面前，与其坚持原有信念，不如反转信念，更新自己的思路。或者，你可以干脆置之不理，听之任之，告诉自己“你不应该被这些事激怒”。

应用“愤怒档案”

具体到日常生活和工作中，你可以采用“愤怒档案”的方法，记录愤怒过程，把握信念的动向。在刚开始写“愤怒档案”时，应该学会在每次愤怒苗头出现后，立刻记录自己是如何发泄或者压抑愤怒的。此时，你只需要像摄影机那样，客观记录实际发生的事情、自己的内心动态，切忌分析“我为什么要这样说”“我当时心里是怎样想的”等问题。你必须在多次、完整地获取原始事实后，才能有针对性地展开分析。

下面是某学员的“愤怒档案”节选。

日期：2023 年 9 月 16 日

地点：公司市场营销部办公室

事情：要求员工 ××× 提交的报告出现很多错误，根本无法使用。

内心想法：××× 工作态度太差了，怎么说都听不进去，简直受不了这种人。

愤怒打分：7 分。

行为：用粗暴的语气训斥了他一顿。

结果：他老老实实听完后，就走回了座位，开始“埋头工作”，我无法理解他是不是听懂了。

“愤怒档案”不断积累后，你就能逐渐了解内心信念和发生事情的关系，并根据关系特点来选择是松动还是反转信念。

总之，面对愤怒，我们要学会区分其事情的来源（A），把精力集中到自己能改变的信念（B）部分，让愤怒得到有效管控。

管理情绪的四种境界

如果能逐步提升情绪觉察能力，你对生活中发生的很多事情就会转变看法。到那时，你的情绪状态不会再有那么大的起伏，即便表达情绪也不会过于激烈。你将不会因为自身遭遇就轻易抑郁、愤怒或者焦虑，也不会由于别人的一言一行就突然转变情绪。

情绪来自不同因素的综合反应，我们要在对事实和信念的科学分析基础上，有意识地提升自我情绪觉察力。

对情绪的自我觉察，意味着一个人开始改变原有的自我认知，从原有的自我形象中分化出“觉察者”和“被觉察者”形象，将自己的情绪作为觉察对象来认知。这种认知必须同时具备意识和能力。

例如，在重大会议的前一天晚上，你辗转反侧，为报告而感到担心。如果你不了解情绪觉察的知识和技能，只懂得自我认知，你会认为“自己很焦虑”，但也仅此而已。如果你学会将

“自己很焦虑”这个状况当成客观事件来分析看待，你就走上了情绪觉察的进阶之路。

在这条道路上，情绪觉察水平可以分为四个等级，其特点如表 3-6 所示。

表 3-6　情绪觉察水平等级表

觉察水平	觉察意识	觉察能力
不知不觉	无	无
后知后觉	有	无
应知应觉	有	有一定能力
先知先觉	有提前觉察意识	有提前觉察能力

第一等级：不知不觉

处于这种等级的人是典型的情绪垃圾制造者。他们对自我情绪的状态没有觉察意识，也没有觉察能力。他们经常会由于无法控制的情绪而导致争吵、暴力事件，并因此伤害自己和他人。

例如，当他们暴怒时，会被情绪所控制，失去对主观意识的部分控制能力，从而产生危险驾驶、家庭暴力等行为，伤害身边人。当他们悲伤、愤怒、委屈时，也可能会采取自我伤害的方式来发泄。

2021 年 11 月 29 日，武汉有一位妈妈在家里辅导七岁儿子做作业时，由于情绪失控，持菜刀将儿子划伤后自缢身亡。

其实，这位妈妈有着令人羡慕的工作，婚姻幸福，儿女成双。她生活中最大的“痛点”就是儿子并不像女儿那样乖巧懂事，每次做作业都需要辅导，而且总是将她气得不轻。当天晚上，儿子不愿做作业，妈妈半吓半哄拖到深夜，好容易让他写完作业，没想到写出来的答案一团糟，根本就无法上交。看着此时已过了凌晨，妈妈想到明天还要早起上班上学，也可能看着不愿努力的儿子太过失望，她愤怒地顺手拿起刀，对着孩子的脖子和腹部砍了两刀。孩子瞬间鲜血直流，孩子号啕大哭，家人被惊醒，立即拨打 120 电话将孩子送到医院。经过抢救，孩子没有生命危险，妈妈却绝望而愤怒地选择了自缢，走向了人生尽头。

一个原本幸福的家庭，就这样陷入悲剧。这位妈妈当然是不幸的，但她由于作业问题，就能向儿子举刀相向，这正是“不知不觉”的特点。当她被愤怒支配之时，她已然丧失了正常的自我判断力、管控力，等她发现孩子满身是血时，她又再次被动地陷入了懊悔、委屈和自责等情绪旋涡中，选择了最不应该的结局。

对“不知不觉”者而言，情绪犹如定时炸弹般危险，由于他们看不到自己的情绪，其行为和意识都被情绪所控制，动辄可能伤人伤己。我总是提醒学员，在日常生活和工作中，既要避免成为这类人，也要避免和他们产生冲突。万一发生矛盾，就要在情况恶化之前尽快离开。

第二等级：后知后觉

处于这个等级的人，总是在情绪发泄或压抑之后，才能

“看到”情绪的存在，而相关的控制方法也总是姗姗来迟。他们虽然能有所觉察情绪，但无法阻止其后果。

在电视剧《不要和陌生人说话》里，男主角安嘉和是一位著名的医生，他和妻子梅湘南结婚后，总是难以信任对方，并因此转变为家庭暴力行为。尽管妻子并没有任何出轨行为，他却猜疑、嫉妒、焦虑、愤怒，每当无法控制情绪时，他就会痛殴对方，等殴打结束后，他的情绪也平复了，开始“后知后觉”地道歉，希望妻子能理解和原谅自己。

刚开始，妻子以为安嘉和只是一时冲动，希望他能有所改变。事实却并非如此，由于始终停留在对情绪“后知后觉”的程度，当情绪再次到来时，他依然无法控制自己举起的拳头……

当我向学员们举这个例子时，很多人流露出鄙夷的神色。在大家看来，这种人不值得同情。但事实上，大多数没有经历过情绪管理训练的人，都可能会停留在这个阶段。

例如，你虽然不会家暴，但你情绪不好时，也很可能选择发火。如果你是上司，你会向下属发火；如果你是妻子，你会向丈夫发火；如果你是子女，你可能会向父母发火；如果你是导师，你可能会向研究生发火。等怒气平息后，你也可能会后悔，并通过语言、态度向对方进行解释甚至道歉，例如，“我有时候对学生会严厉要求，希望你理解下”“妈，昨天我说话太冲，对不起”“老公，我下次再也不随便对你发脾气了”等。

由于对情绪的“后知后觉”，你身边的人很容易感受到你的怒气、责怪、推卸责任等，久而久之，他们就会怀疑和你之间的关系，有些人会选择远离你，而有些人则通过欺骗、诱导来回避你的情绪。这样一来，你们之间原本应该健康的人际关系会被逐渐蚕食，幸福也将逐步远离你。

第三等级：应知应觉

处于这一等级的人，有察觉自我情绪的意识，也有能力在察觉中对情绪予以管控和处理。当你能做到这个层次时，已经实现了对大多数人的超越。

美国南北战争时期，陆军部部长斯坦顿来到白宫。他气愤地向总统林肯汇报，有位少将用近乎侮辱的话语无中生有地指责自己。

林肯建议斯坦顿：“您可以写一封信，好好回击这个家伙。”

斯坦顿立即写了一封信，措辞锋利。随后他兴高采烈地拿给林肯看。

林肯看完信，高声喝彩：“很好，很好，就是要这种效果，您写得真好。”

斯坦顿得到总统认可，立刻叫来手下，让他马上寄出去。

林肯说：“什么？您真的要寄出去吗？”

斯坦顿摸不着头脑：“信当然要寄出去了。”

林肯摇摇头说：“这封信还是烧了吧。我每次生气之后，都是这样干的。”

林肯之所以伟大，与他对情绪的觉察和管理能力有着密不可分的关系。林肯的负面情绪不会伤害别人，也不会伤害自己。他不仅能第一时间了解自己的愤怒情绪，还会通过“写信”这种方式，合理地发泄愤怒情绪。

应知应觉要求人们能在情绪产生的时刻迅速觉察自己内心状态的变化，然后对情绪作出最合适的应对方式。

第四等级：先知先觉

只有很少人能达到情绪觉察领域的“先知先觉”层次。在这种等级上的人，不仅对情绪有觉察意识、有管理能力，还能根据外在环境和客观事物的变化，提前觉察到自己情绪即将产生的变化，真正成为自己的主人。

只有情绪觉察能力最强的人，才能达到“先知先觉”的层次。他们需要把握事物发展变化的规律，能预判事物即将达成的状态。同时，他们也需要真正了解自己，对自我情绪变化的特点具有充分的认知和预判能力。

探索情绪背后的信念

在情绪觉察能力的攀登之路上，“不知不觉”和“先知先觉”都属于少数人。

前者最不擅长觉察情绪，千百年来，这样的人一直与整个社会格格不入，随着时代的进步，他们的数量正变得越来越少。

后者则拥有极大修为，他们能预判事物和自我情绪的关系发展方向，从而始终保持对情绪的完全掌控，拥有如此力量的人在历史和现实中同样稀缺。

对绝大多数人而言，对情绪觉察能力的训练只是一步之遥，即从“后知后觉”走向“应知应觉”。这一步看似简单，但如同迈过人生的鸿沟，蕴含着重要的价值。

尽管人们不喜欢“后知后觉”，尽管这种状态相比“不知不觉”已有了很大进步，也是通往“应知应觉”的必要过程。实际上，虽然你并非总是“不知不觉”，但在特殊情况下，某种情绪来临的那一瞬间，你同样很难切换到自我觉察状态。有些人会选择无意识压抑，有些人会下意识逃避，还有人会陷在情绪当中不能自拔。面对特殊情境，人们的大脑选择了“自动化”处理方式来对待特殊情绪，其实就是退行到“不知不觉”的状态。

与这种状态相比，“后知后觉”已有了很大进步。只有站在其基础上努力前进，才能抵达“应知应觉”的新高度。

要走好这关键一步，需要科学的觉察工具，情绪觉察日记就是其中典型。

情绪觉察日记，是指当情绪表达之后，个人对情绪表达模式进行回顾和探索后完成的记录。这种日记既能帮助你更清晰地认识自我情绪表达，也能让你更熟悉自我情绪的产生根源。当你养成了记录情绪觉察经过的习惯后，当情绪再次到来时，你就能尽快地识别和管控，更接近于“应知应觉”的觉察层次。

情绪觉察日记的基本格式如下：

情绪觉察日记

良好的习惯从点滴做起，自我的情绪从今天觉察！

<table>
<tr><td>日期</td><td></td><td>地理位置</td><td></td></tr>
<tr><td>天气</td><td></td><td>备注</td><td></td></tr>
<tr><td>事件</td><td colspan="3"></td></tr>
</table>

续表

事件	
情绪	
想法	

续表

<table>
<tr><td rowspan="2">信念</td><td></td></tr>
<tr><td></td></tr>
<tr><td colspan="2">★给自己的建议及意见：</td></tr>
</table>

第一部分为事件（A）。主要记录具体发生的事情。在记录时，应着重记录引发情绪的事件主体，细枝末节部分则可以简略。

第二部分写情绪（C）。可以记录单一的情绪体验，也可以写多种情绪体验。此时，你也可以对情绪进行命名，以此提升觉察情绪的能力。

第三部分写想法。需要记录在情绪到来的一刹那，你是如何思考并产生了何种结论。也可以写当时身体所明确感受到的状态。例如，“我感觉自己很生气，脸部在发热”。

在记录事件、情绪和想法时，要做到客观地写下真实情况，无论它多么令你难堪。

例如，你想记录一次愤怒的过程，就要仔细回忆究竟是什么事情、什么人让你产生了愤怒的感觉。再回忆当你感觉愤怒时，身体有什么不适，而你当时最想采取的行动又是如何。当你能连续记录一段时间后，你就能逐步回忆起更早之前经历这些情绪的时刻，当探究程度越来越开放时，你也就越能接近信念根源。

有一次，我如实记录了自己的愤怒过程。

事件：在儿童乐园，我看到儿子被其他的小孩子抢走了玩具。

情绪：愤怒。

想法：你凭什么欺负我们家儿子！谁欺负我儿子，我就想揍谁！我一定要保护好他，他绝不可以在外面被人欺负。儿子你把玩具抢回来呀，或者把那个孩子揍一顿，如果你自己不强大，以后就会被别人欺负的！

当写完这些之后，我陷入了沉思。这件事发生在公共场合，我的情绪和想法，已经超越了普通人在面对类似事情时表达不满的程度。我是接受过高等教育的人，而且我平时性格温和，很长时间都没有发过脾气。如果仅仅用“我儿子被其他孩子欺负”来解释突如其来的愤怒情绪，好像并不合理。何况，我太太也在场，她平常对孩子的关注比我更细腻，对儿子更是爱护有加，为什么她的情绪反应没有我这样激烈呢？

顺着这件事情，我想到了此前经历过的类似情绪的时刻。那还是我年幼时，因为农村里常见的琐事，母亲同邻居产生了矛盾冲突，当对方想要用暴力威胁她的时候，父亲冲了出去，举起拳头要保护母亲。这件事对我产生了深刻的影响，“一定要保护家人”成为埋在我内心的重要信念。

尽管后来我离开农村来到城市，有了不错的工作和幸福的家庭，尽管我极少体验暴力，但这种信念还是根植在我心里，形成了固定的反应模式。

就这样，当我探究到内心深处，也就明确了第四部分应该记录的内容：信念（B）。

当你在完成第四部分内容时，应该努力挖掘当时想法的根源，对信念进行重点分析，找准其背后的固定运作模式，进而确定信念产生的原因。

信念产生的原因

尽管有人充分理解了信念决定情绪的概念，将这种认知融入自我生活，却又是另一回事了。很多人在面临情绪到来时，依然坚信自己脑海中瞬间产生的想法和判断，甚至不论在场者如何劝解说明，他都听不进去，不愿丢下或者改变原有想法。这种“当局者迷”的现象，是因为其内心信念先入为主，使人相信情绪就代表眼前的事实。

为了破解这种下意识产生情绪的自动运作模式，通常，情绪信念产生的原因，要从三方面确定。

第一，个人性格。

不同性格的人组成了丰富多彩的世界，也塑造出不同的自我信念。一个人具有怎样的性格，就会有怎样的思考习惯，这改变了他们看待自己、他人和世界的方法，并形成了不同的信念根源。

性格开朗的人大多拥有积极信念，他们相信自己有价值、他人怀善意、世界安全，不需要太多防御。如此信念也会影响到他们的情绪表现，让身边人感到“这个人很好相处”。

相反，如果是性格多疑且不确定的人，内心缺乏安全感，经常感觉自己随时可能受到环境伤害，需要多加防御。在这种性格土壤上生长出来的信念，通常是负面消极的，他们会告诉自己“坏事随时会到来”，焦虑、抑郁等情绪阴影也就挥之不去。

性格急躁的人，在言行处事中总是以自我感受和需求为核心。因此，他们容易形成“不允许他人冒犯和违背我”的信念。在这种信念支配下，愤怒、嫉妒等情绪也更容易爆发。

信念之所以有差异，是因为每个人的性格特点有所不同。在运用情绪觉察日记自我分析时，需要更深入地分析自己的性格，了解性格是如何深入影响情绪的。

第二，成长经历。

课程中，学员 M 表示，自己和男朋友相处过程中，总是控制不好情绪，或者是感觉对方控制欲太强，或者是觉得对方不关心自己，导致恋情永远都是“高开低走”。

其实，M 在和朋友、同事、陌生人相处时，大都是乐观开朗且充满自信的性格，她在事业上也有所成就，不仅自我努力，也经常帮助他人。然而，一旦面临亲密关系时，她的情绪就容易出现问题。她和父母关系一般，对姐姐也总是心生嫉妒，总想和姐姐比较。在她的内心中，“我必须掌握亲密关系中的制高点”这个信念仿佛根深蒂固。

我帮助她回忆了童年的成长经历，找到了这个信念产生的根源。当时，她愤愤不平地说：“因为我从小就被父母抛弃！”

我好奇地问：“难道父母将你送给别人了？”

她说：“那倒没有。姐姐从小就比我漂亮乖巧，学习成绩也更好，总是被父母夸赞并用来和我比较。我觉得，我始终是被父母无视的那个人。”

我说：“这就解释得通了。你从小就认为自己被父母抛弃，所以对父母有所怨恨，对姐姐嫉妒。尽管你成年后很优秀，你的信念却已经形成，如果你不能觉察其中的缘由，就很难管理好亲密关系中的情绪。”

人们总是在潜意识层面努力证明自己，为了证明成长经历带来的感受是正确的，人们也会形成对应的信念。然而，你是否应该尝试站在中立客观的角度，重新看待自己的成长经历呢？答案是肯定的。对经历的重新梳理，将帮助你重建信念模式。

第三，固有信念。

如果你的信念并非来自个人性格或成长经历，那它很可能已经变成了固有信念。

对人类的认知模型研究结果表明，个体会有选择地关注、回忆那些和初始信念一致的信息，再利用这些信息建构出固有信念。

例如，如果有人认为自己是社会的失败者，他就会自发寻找并关注能印证该信念的信息，包括领导的批评、家人的怀疑、朋友的玩笑等，他们会尤其重视这些信息，将之深深记住。类似的过程当然并非有意完成，甚至很难被自己和他人意识到，但越是如此，它就越是会自动自发地运行。于是，经过筛选的信息不断灌输到思维体系内，和原本存在的信念强有力地结合起来，在无意识层面牵引着个体的注意力，不断固化、放大和强化信念。

从上述层面了解信念产生的原因后，你就能更为有效地提前干预。通过记录情绪觉察日记，你可以实现对信念的逐渐转变。这种转变虽然是缓慢的，但只要真正开始，就会推动有益的变化。

第四章

调节：转变情绪表达

调节情绪，是指个体对自身情绪加以管理和改变的过程。通过一定的调节方法和机制，使情绪在主观感受、表达行为等维度产生有利变化。

调节情绪的三大步骤

普通人面临的大敌，往往并不在外部，而是幽居于内心，那就是情绪。

如果你缺乏对自身情绪的有效调节，情绪就会变成你无法驾驭的猛兽，拖着你原本健康的身心一路狂奔，令你惊惶不安。你会因消沉而萎靡不振，因愤怒而克制乏术、因抑郁而消极低迷、因嫉妒而走火入魔，在岁月蹉跎中落入一个又一个不为人察觉的陷阱，浪费无数原本弥足珍贵的良机。

想学会调节情绪，必须先真诚面对自我，这并不容易。正如拿破仑的名言："能控制好情绪的人，比控制了一座城市的将军更伟大。"你应精准计划、周密部署，从了解调节情绪的意义出发，按部就班地掌握调节情绪的方法。

调节情绪的意义

情绪调节能力，是个人修养的重要组成部分。想要成为管控情绪的高手，真正驾驭情绪而非被情绪驾驭，就要了解调节情绪的意义。

在我的课程中，很多学员第一次听到“调节情绪”，都会想到“岁月静好”的平静感。大家都表示希望学到调节情绪的高超技巧，让自己摆脱烦恼，活得平静安然，远离讨厌的负面情绪。

这样的想法是可以理解的，然而，调节情绪的意义并非消灭负面情绪。

调节情绪，是指个体对自身情绪加以管理和改变的过程。通过一定的调节方法和机制，情绪在主观感受、表达行为等维度能产生有利变化。然而，“邪恶很可能滋生于想要消灭邪恶的欲望”，只要生而为人，就会有贪嗔痴怒，别人体验过的负面情绪，你同样会遇见。想要彻底消灭它们这个想法，既不科学，也很可能演变为新的负面情绪，因为一旦你发现无法躲避负面情绪时，就很可能产生更为强烈的挫败感和无力感。

调节情绪的真正意义，包括以下三层内涵。

第一层，减少伤害。

负面情绪一旦形成，如果不加以自我调节，就可能造成对别人和自我的伤害。调节情绪，如同面对泛滥的洪水建造起牢固的大坝，能有效减少负面情绪累积而产生的压力和伤害。

第二层，降低强度。

高兴到手舞足蹈的人，不应驾驶车辆；喜极而泣的人，也不适宜发表演讲。即便是人人喜欢的正面情绪，在强度过高时也同样会伤害个人利益，影响他人安全。通过有效调节，让情绪强度回归到安全阈值之内，才能让人更好地享受正面情绪。

清代《冷庐医话》中记载，江南有位书生，因中举，大喜过望、成日欢笑而近乎发狂。家人非常担心，请来名医治疗。名医诊脉后说，此病不可医治，十日内就会病发身亡。他还劝告书生，如果现在就返乡，找到一位姓何的医生，或许有治好的可能。

听说病情危重，书生从狂喜跌入抑郁，为求保命，只能立即返乡。等回到家中，感觉身体并无大碍。不久后，何医生将名医写来的信交给书生。原来，名医所言只是为了调节其情绪，让他从狂喜中冷静下来。得知真相后，书生痊愈。

古人认为，喜为心志，过分的欢喜会伤害心气，导致嬉笑不止甚至近乎疯癫。金榜题名原本是人生美事，由此引发喜悦也属正常，但如果肆意放任这种情绪，导致其强度居高不下，就会对人体健康产生危害。对于这种情绪问题，古人掌握了用“谎言”改变病人认知来有效调节情绪的方法，并收获了很好的效果。

第三层，实现转化。

通过调节情绪，能实现从负面情绪到正面情绪的转化。这听上去有一定难度，但在生活中，人们并不缺乏“破涕为笑”“知耻后勇”“化敌为友”这样的体验。在截然不同的情绪对比中，你其实早已感受到情绪调节方法的重要意义。通过有意识地学习和训练，你将能帮助自己和更多人，实现有益的转化。

学习调节情绪的步骤

为充分发挥调节情绪的意义，你应该循序渐进，按以下步骤学习调节情绪。

第一步，“叫停”原则。

有位学员小Y，她和男朋友分手后，总是沉浸在痛苦中。她后悔自己在恋爱期过于追求安全感，太想控制对方，最后导致分手。而现在，她每天都在回忆过去，越想越自责，越来越讨厌自己。

小Y最初求助我的时候，我告诉她，你已陷入了情绪的反刍中，正不断回想和体验那些负面情绪。如果你继续这样下去，就会用更为消极的眼光看待自己和世界，严重消耗精神能量。

当然，类似小Y这种情况并不少见，谁都有可能面对这种难熬的日子。但是，当个体长期停留在负面情绪里，会出现身心受损迹象，为此，必须及时叫停负面情绪。这就如同驾驶车辆，当你发现车况出现问题，或者前方路况有麻烦事时，你就不应再踩下油门，而是应该选择减速、停车，等分析情况并解决问题后，再作出决定。

此时，并非每一种决定都有用。针对负面情绪，你单纯提醒自己“不要去想那些”毫无效果，这早已被心理学的“粉象效应”所证实。

所谓“粉象效应”，是指禁止人们想象一只粉色大象时，几乎所有人的脑海中都会不由自主地开始想象它，尽管他们从来没见过、听说过、想象过这种不存在的动物。

这一心理学效应提醒我们，想要避免消极情绪的影响，就不能单纯靠压抑，因为很可能会适得其反。更为有效的“叫停”方法是分散注意力。

心理学研究表明，通过去做自己感兴趣或者需要集中注意力才能完成的事情，如工作、运动、智力游戏、艺术活动等，能有效地阻碍负面情绪对大脑的影响，并逐步恢复正常情绪。因此，我总是建议学员们建立一张事件清单，这些事应该是自己最感兴趣的，能随时帮助自己“叫停”负面情绪。

第二步，舒缓原则。

仅仅学会“叫停”负面情绪并不够，处于这种状态的负面情绪依然存在，只是暂时不会伤害你。因此，还要进行第二步学习，即“舒缓”。

人们对负面情绪的不同反应，与负面情绪的强度有直接关系。在回顾痛苦经历时，人们习惯于从自我的沉浸式体验出发，不断在脑海重放事情经过，导致情绪强度始终停留在事情刚发生时的水平。

调节情绪时，你应该从生理和心理两方面加以舒缓，努力降低情绪的强度。

在心理层面，你可以从第三人称的角度，看待引发自己负面情绪的经历。在此实践过程中，你将重建自身体验，以全新的方式看待过去，得出不一样的结论。

你不妨选择舒服的姿势，例如，坐在或半躺在沙发上，闭上眼，回忆当时的情景。你可以将脑海的“镜头”拉远，让整个场景出现在脑海中。假装你只是路过的陌生人，正在观察事件现场。当你适应这种回忆角度后，再对事情的发生过程重新加以评估。如果一次不行，那就多试几次，并确保每次都以陌生人角色观看。通过这种心理实验，能有效降低情绪的强度。

在生理层面，你可以采用深呼吸方法，进行自我镇定。将注意力聚焦于呼吸动作，集中感受当下的生理体验，减弱负面情绪的强度。在这一操作中，要多使用腹式呼吸方法，并保证呼出的时间比吸入的时间要更长，从而降低心跳速度。

第三步，反转原则。

美国作家菲茨杰拉德曾说过：“一个人能同时保有全然相反的两种观念，还能正常行事，是他拥有了第一流智慧的标志。”为了学习调节情绪的方法，我建议每个人都应切实思考这段话，以此理解掌控情绪的秘诀，懂得如何生成反转的动力。

反转，意味着转变原有固定视角，以完全不同的角度看问题。表面上，这只是看事情的出发点不同，但结果却很可能营造出两种世界。在这两个世界里，虽然你是相同的个体，但情绪却完全不同。一个世界的人只看到了自己的痛苦、付出、失去，另一个世界的人则能看到自己的快乐、幸运、获得。

俄罗斯画家列宾，在一个大雪初晴，空气清新的早上和朋友出门散步。突然，朋友瞥见路边上有一堆狗屎，看上去十分刺眼。朋友抱怨说，环境太差了，老百姓素质太低了，真是令人生气。列宾却高兴地说：“不，这是多么美丽的一片琥珀色啊！”

列宾与朋友对待客观事物的观点差异，造就了他们不同的情绪体验。如果总是抱有单一观点，就会导致情绪的单一化。相反，及时转变观点，才能调节情绪。

例如，当你对某人某事生气的时候，想到的必然是对方的问题，但如果你心平气和地分析事情的来龙去脉，转变观点，就可能发现自己的失误。即便百分百是对方的过错，你也可以更换角度反问自己："我发脾气到底是想换来什么样的结果？""是否真的要大动肝火才能解决问题？"当你学会转移思考角度，你的情绪也就开始了反转之旅，你的理性在此时被从迷雾中唤醒，盲目冲动的情绪状态也会得到不断缓和。

掌控情绪，而不是被情绪掌控

很多语境中，“情绪”这个字眼成了贬义词，令人避之唯恐不及。

职场中，领导严肃地告诫员工：“工作时候不能带情绪啊！”回到家，家人又会说：“你在外面的情绪，不要带回来给我！”

难道情绪真的如此令人恐惧和无奈，让人只能逃之夭夭？当然不！你需要的不是被动规避情绪，而是要学会主动升级，从无意识地调节情绪，走向有意识地掌控情绪。

无意识地情绪调节

即便从未系统学习过心理学知识，很多人也或多或少掌握一些调节情绪的方法。人们在无意识状态下使用了这些方法，即便没能看见情绪，也没能读懂情绪，但也可能在短期内产生不错的调节效果。

常见的无意识调节情绪方法，主要有以下两大类。

第一类，无意识改变外部事件（A）。

人们虽然可能并未学过情绪ABC理论，但大家通过无意识改变外部事件（A），也能有效改变情绪。

对外部事件的改变重心，可能是客观环境。很多人在过腻了两点一线的工作生活后，会选择来一场说走就走的旅行。当他们的所处环境从城市的钢筋水泥转变为海滨的沙滩夕阳，情绪立刻得到了有效转变。

对外部事件的改变，也可能是社会角色。我有位学员小P，大学毕业后在某互联网大厂工作，身处“996”的工作环境里，虽然收入不菲，但他的情绪并不好，并最终影响了身心健康。后来，他干脆选择了辞职，考回老家的国企，收入降低不少，但工作环境变得相对宽松，负面情绪减少很多，整个人的状态都不同了。

改变环境里的人，也是对外部事件的改变。有些家长对孩子的教育态度专制、刻板，与无意识的情绪调节行为也有很大关系。作为成年人，家长希望在家庭中能保持良好情绪，如果孩子哭闹、叛逆，家长就无法实现这一目标。于是，很多家长最看重对孩子的“训练”而非教养。在他们看来，只要把孩子管听话了，自己的情绪调节也就完成了。这种做法尽管并不正确，但也从另一个角度证明，改变环境参与者对调节情绪是有用的。

显然，无论改变哪一种外部条件，都需要你付出比较大的代价，甚至得不偿失。你虽然不缺乏改变，但你却不知道正在改变什么。你想到的是旅游、跳槽和管教孩子，但你却没有想到它们原本是同一件事——调节情绪。

由于缺乏意识，你对外部环境的改变就充满了未知。

旅行并非注定换来好心情。有时候，旅途中的拥堵、景区里的价格、旅行团里的购物，都会带来更坏的感受，让你仰天长叹“下次我再也不出来了”。

跳槽并不一定能带来良好的职场情绪，新工作岗位遇到的人和事，可能比原来的岗位更麻烦。

在家庭环境中，父母对孩子的“训练”也会遭到其他家人的反对，或者导致孩子变得更加反叛，导致父母原本就不佳的情绪变得更差。

凡此种种，说明改变外部事件（A）并非最好的情绪调节策略，其成功和失败的可能概率都是客观存在的。

第二类，强行改变行为（C）。

无意识调节情绪的另一种方式，是直接从人的体验、行为、感受等层面入手，强行改变情绪。相比改变外部事件，这种调节方式更加简单粗暴。

我的课程班里不乏职场人，大致分为管理者和员工两类。相比员工，管理者承担的心理压力更大，面对坏情绪的次数也往往更多。当他们遇到坏情绪时，很可能下意识地对某个“倒霉蛋”员工批评一顿，甚至放出“做不好就走人”的狠话。随着员工唯唯诺诺地走出办公室，管理者的心情也变好了。事后，他们并未发现员工有所进步，甚至他们也根本没有期待员工的改变，在当时，他们却会无意识地选择这种方式来解决情绪压力。

员工面对这样的管理者，该怎么办呢？有人选择压抑忍耐，也有人选择自我麻醉，既然没办法来一趟说走就走的旅行，也没找到更好的工作岗位，那不如下班回家喝喝酒、打打游戏、看看短视频或者花钱购物，这样就能忘记工作中莫名其妙遭遇到的批评。

无论是管理者还是员工，在运用这些方法调节情绪时，都是无意识、自动化的反应。大多数管理者并没有恶毒到故意将怒气转嫁于员工，他们的感受只是“怎么看那个家伙都不对劲”“为什么我的下属都是这种人”，而大多数员工也相信“上司都是这样的，先忍忍拿到这个月工资再说”“好不容易下班了，先玩会手机吧”。

一个人上班时是员工，必须服从管理，等他回到家就成了自由人，随着角色的转变，很多人都形成了在角色之间无意识转变行为的习惯。于是，他们本能地借助这种习惯来调节情绪。从短期来看，这种“解压式”的调节策略，确实能让负面情绪得到缓解，但从长期而言，这无异于饮鸩止渴。管理者动辄毫无预兆地批评员工，导致上下级关系紧张，进一步降低团队工作效率，进而影响企业更高层级领导对管理者本人的评价。员工回家后靠喝酒、玩游戏、刷视频、购物来排解负面情绪，结果就会越来越依靠这些行为来自我麻痹，却根本解释不清理由。这种习惯不仅会浪费时间和金钱，也扰乱了自己的生活节奏。

在无意识前提下，无论采用何种方法调节情绪，总有出现更多问题的可能。由于无意识，人们对情绪产生的过程不够了解，总是感到强大内心压力后才行动。结果，许多人将“调节”情绪理解成对负面情绪的“控制”乃至“消灭”，走上了南辕北辙的道路。此外，无意识地思考和行动，也会让人产生错误的认知，将脑海中的记忆图景看成事实，致使自己始终停留在负面情绪而无法自拔。

即便没有产生上述问题，无意识也会造成情绪调节策略的选择不当。调节情绪并没有普遍适用的方法，也没有灵丹妙药，在不同的情境中，需要针对不同特点的个体使用不同策略，才能有效保持情绪的平衡。这需要每个人一直保持清醒，追随自身心路历程的发展，遵循一定规律对情绪加以灵活调节，保持情绪功能的正常运作。

真正健康而富有活力的人，是能意识到每一种情绪价值的人，他们不会采用无意识方式去直接改变负面情绪，而是积极开启调节的罗盘，坚持不懈地寻找不同情绪之间的平衡。

有意识地情绪调节

情绪调节至关重要，日常生活中，我们对身边人的感情培养和维持、对学习和工作任务的认知、对整个世界的看法都离不开情绪调节。有意识的情绪调节，是指个体在有意识思考之后的情绪调节过程，这是他们在经历训练之后，掌握看见和读懂情绪的方法，再对所有外界刺激作出改变的科学反应。

常见的有意识情绪调节，主要包括以下三种方法。

第一种，运动调节法。

每个人的情绪与身体状态都密切相关。情绪容易出问题的人，在身体健康方面往往也同样存在问题。有意识地开展体育运动，是很好的情绪调节法，它能在不改变客观环境的基础上，帮助你不再逃避和压抑负面情绪。

借助运动，人们能有效地释放负面情绪、增强正面情绪。运动中，人的身体能分泌内啡肽、多巴胺等荷尔蒙激素，能直接让你感到快乐、愉悦和满足。运动还能提升注意力、敏捷性等身体健康指标，减少悲伤、抑郁、焦虑、愤怒，增强人的自尊心、自信心。

运动调节法的主要意义在于调节，而不是竞争、社交。因此，你不需要过分在意运动的种类，球类、游泳、器械健身、慢跑等，只要适合自身即可。如果你本身并不喜欢运动，选择安静地散步也会产生良好作用。

第二种，有意识情绪调节法。

有意识情绪调节法与无意识调节存在显著不同。后者是通过依赖性、习惯性的行为来调节情绪，如饮酒、吸烟、游戏等方式，能帮助你自我麻痹并获得轻松感。而前者则是通过循序渐进的方式，来完成可掌控的调节。

例如，你在工作和学习中经常感到自卑、抑郁或者恐惧，你不应该选择回家躲在电脑屏幕前，通过网络游戏建立自信，而是需要在现实世界里多和情绪乐观的人聊天，了解他们如何应对压力，在不断沟通中收获积极情绪。

如果你容易感到悲伤，感叹美好的日子总是流逝太快，你不应该安于借酒消愁，而应主动聆听欢快劲爆的音乐，让情绪变得愉悦起来。你也可以选择融合了自然声音的乐曲，让潺潺的溪水声、清脆的鸟鸣声伴你入睡。

当然，你也可以考虑参与情绪管理课程，这同样是主动调节情绪的好办法。在我的课程中，很多学员即便已经学完了整个周期，还是会回来参加复训。他们说，来到这里，身心立刻会被老师、助教和其他学员带动起来，能切实感受到情绪是如何变好的。那种感觉犹如主动走出了地下洞穴，面对第一缕阳光，呼吸到第一口新鲜空气，让情绪为之振作。

第三种，认知调节法。

在无意识的情绪调节过程中，人们最多只能做到改变外部事件（A）和内部体验、行为（C），却无法改变决定情绪的信念（B）。这是因为任何信念都和思考过程有密切关系。想要改变信念，就必须有意识地改变认知。

生活中，那些过于绝对化、概括化的认知，对负面情绪的形成起到了推波助澜的作用。为摆脱不合理认知而产生的情绪困扰，必须挖出其中不合理部分，加以辨析和推翻，重建健康、科学、合理的认知模式。

要全面地看问题。事物都是有两面性的，科学认知总是能全面地看待事物，既要看到有利的一面，也要看到不利的一面。例如，面对投资失败，既要承认是资金上的损失，也要看作难得的教训，将亏损看成学费，这样才能平衡内心，走出负面情绪的阴影。

要学会发展地看问题。“世界上唯一不变的就是变化”，所有事情都在不断改变，无论对待学业、职业，还是对待人际关系、婚恋情感，都应让认知模式具有一定的灵活性。当面对新问题、新事物时，要学会不断主动学习、更新感受，这样才能避免被陈旧认知误导，陷入糟糕的情绪陷阱。

还要学会独立地看问题。所有科学的认知模型都具有独立性，不会被单一因素所左右。相反，不科学的认知总是会受到单一因素干扰，形成“贴标签”效应。一旦依赖于这样的认知，个体的思考力就会断崖式下降，或者跟着感觉作出选择，或者人云亦云，严重者甚至会丧失自我独立性，动辄被人“洗脑”，更不用说随之产生的情绪问题了。

通过有意识地调节情绪，你能采用社会所允许的任何方式，灵活针对各种情绪困扰作出积极反应，让情绪表达更加合理。

调节情绪，到底要不要忍？

面对负面情绪，你是选择忍，还是不忍？当我们调节情绪时，忍耐是一把双刃剑，只有运用得当，才能产生裨益。

忍耐的益处

负面情绪是人们的“老朋友”，如果你不懂得忍耐，就意味着不会控制和调节，随时都可能被负面情绪引爆。正因如此，历史上许多伟大人物都是从学会忍耐入手，学会了调节情绪。

1811 年，林则徐考中进士，开启了政治生涯。他自幼勤奋好学，秉性正直刚毅，却有脾气急躁的特点，经常会因为一些小事就发怒。父亲希望他将来能为国为民做一番贡献，经常教诲他要学会克制忍耐。他也下决心要改掉这个缺点，于是写了一幅横匾——“制怒”，悬挂于书房里。林则徐后来成为中国近代史上的杰出人物。

美国开国总统华盛顿，即便在战争最危急的时刻，也不会受到周围人负面情绪的干扰。许多人都认为，冷静镇定性格是他天生的优势。其实，华盛顿也曾经脾气急躁，年轻时经常会发怒。后来，他意识到自己的问题，进行了严格的自我情绪训练，学会了在压力面前保持忍耐，终于收获了过人的情绪管理能力。

无论如何，成年人对情绪的调节能力，都是与忍耐分不开的。当你意识到忍耐的益处，面对负面情绪才会不动摇、不退缩、不投降，才能主动出手去改变它们的影响。

具体而言，忍耐能为你带来三个方面的益处。

第一，维持和他人之间的关系。

如果你被负面情绪轻松击倒，你很可能会将负面情绪传递给生活、工作中的他人，导致彼此不快甚至直接冲突。相反，如果你能通过忍耐承受负面情绪的冲击，就能始终展现最好的自己，你和他人之间的关系就会保持和谐，在未来创造出更多收益。

第二，维持自身的信念。

通过忍耐，你能尽量减少内心对负面情绪的不适应回忆，避免内心平衡的崩塌。

很多人能接受亲密关系中的另一半的抱怨乃至愤怒，自己始终容忍退让，这当然并非“懦弱”，而是他们不愿在亲密关系中暴露出任何不满。究其原因，很可能缘于童年回忆：幼年时他们曾对父母爆发过负面情绪，换来的是责罚，于是其内心将负面情绪爆发和被惩罚联系起来，形成了“发脾气的人就是错误的”信念。为了维持这样的信念，也为了维持内心的平衡，不用去面对负面情绪爆发带来的不快回忆，容忍就成了必要而有益的选择。

第三，维持自我评价。

每个人都在有意识或无意识地进行自我评价。大多数人都会通过自我评价，判断自身行为举止是否符合社会标准，并以此为基础形成自我概念。在自我评价过程中，人们大都将行为举止分成两类：社会可以接受的、社会不可接受的。

通过忍耐，人们能压制负面情绪，从而杜绝自己产生“不可接受的行为”。当然，这些行为的具体内容是因人而异的，有些人认为工作中受到委屈，发几句牢骚的行为都无法被接受，也有人认为开会时顶撞上司是不被接受的。无论何种行为，通过忍耐杜绝这些行为出现后，都能为当事人带来道德上的优越感，提高其自我评价。

忍耐的弊端

尽管忍耐能带来不少益处，其产生的弊端也不容忽视。

2023 年，一则社会新闻引起我的注意：

由于丈夫长期出轨和家暴，妻子绝望跳楼。直到此时，所有人才明白她的婚姻状况如此不堪。但在此之前，她做了什么呢？

很遗憾，她什么也没有做。由于她所接受的传统家庭“教育”，不断在内心提醒她要坚持忍耐，要“贤良淑德”。结果她足足忍耐了三年。

忍耐没有换来理想结果，反而让丈夫更无所顾忌，直到当着别人的面抓住她的头发，将她推倒在地。那天之后，她的内心防线完全被负面情绪压垮，最终在朋友圈留下遗书，走上绝路。

这位妻子的忍耐早已超过了必要的界限，她对负面情绪的忍耐变成了忍气吞声，换来的只是家庭关系表面的和谐，其内部却早已千疮百孔。她的个人命运也被忍耐所彻底改写，走向无可挽回的悲惨终局。她用生命的代价，警示世间所有人看清忍耐的弊端。

制造虚假和谐，是忍耐的第一种弊端。过度的忍耐导致你和他人之间的关系失衡，这种忍耐导致人总是在向外界的某种力量退让，双方关系变成了实质上的欺压，即对方始终在剥削你的心理资源。显然，无论这种关系表面上有多么友好、和谐，由于其本质上失去了平衡，也就难以真正维系长久。

忍耐的第二种弊端，是将“短痛”变成“长痛”。如果这位妻子在第一次家暴发生后，就选择去婆家大闹一通，或者在家里拼死反抗暴力的丈夫，结局是否会有所不同呢？答案是肯定的。如果她没有选择忍耐，而是当面宣泄负面情绪，将事情“闹大”，虽然短期的矛盾激化和爆发，必然带来“短痛”，但这种“短痛”能提醒外界和对方，注意保持应有的边界，以后的关系发展就不会更加恶化。相反，当不断忍耐变成了习惯，一年、五年甚至十年、一辈子，制造负面情绪的外界因素不仅不会主动消失，还会愈演愈烈，让“短痛”变成纠缠你一辈子的噩梦。

伤害自我利益，是忍耐的第三种弊端。长期的忍耐，会让你对现实产生误判，你会由于这种忍耐而认定自己占领了道德高地，提升对自我的人格评价。但这种评价并不一定被外界认可，更难以感动在不断侵害你利益的对方。对方会更加意识不到应有的边界，转而将忍耐看成你必须服从和遵循的义务。结果，你的忍耐堕落成了忍辱，你的包容嬗变为纵容，最终被伤害的是自我利益，让真正关心你的人痛心。

忍耐的第四种弊端，是导致自我人格的矮化。长时期的忍耐很容易造就特殊的讨好型人格。这种人格的特点是习惯于一味讨好他人，却忽视自身感受的有效表达，他们经常对外竭力表现谦和、忍耐和顺从，内心却压力丛生而不敢暴露。讨好型人格虽然想要表达愤怒，但又不敢或者不会表达，这种人格层面的自我矮化一旦形成，就很难逆转，导致终身无法从负面情绪旋涡中跳脱出来。

要避免遭遇上述弊端，你必须清楚自身情绪表达的底线，明确什么时候应该忍耐，什么时候无须再忍。

忍耐，应该是在必要的情况下付出的情绪调节成本。当眼前问题牵涉到自身或集体重大利益，或者有关法律、秩序、公德等领域，你就应该承担忍耐的义务。

当年，酒醉无赖纠缠韩信，让他从胯下钻过去，韩信忍耐了这样的羞辱。这并不是因为韩信是讨好型人格，而是因为他如果不忍耐，在那样的时代很可能会付出生命代价，当问题牵涉到如此重大利益时，他必须忍耐。相反，《水浒传》中的杨志，由于泼皮牛二的纠缠，最终举刀相向杀死对方，自己也从朝廷军官的身份跌落，不得不“落草为寇”，付出了极大的代价。两相对比之下，可见韩信的忍耐是有意义的。

如果身处长期关系之中，选择忍耐的同时，你还应该注意多看见和解读自身的情绪。避免由于一再忍让而形成习惯，导致长期关系的失衡，出现“短痛变长痛”“好人没好报”的恶果。

具体而言，无论对方是同学、同事，还是好友、闺蜜乃至婚恋关系中的另一半，一旦你经常需要不断忍耐其言行时，你就要扪心自问：“我究竟是为了什么在忍让？”“我能否有妥善的方式表达情绪，进而推动问题的解决？”

这样的扪心自问，并非意味着你必须选择负面情绪的爆发。如果说忍耐是内心的一团火在地底燃烧，那么爆发就是岩浆冲出地面肆意横流，这两者都并非是我们想要的。在长期忍耐和短期爆发之间，其实还有第三条路可走，那就是温和而坚定的自我情绪表达。

温和，要求你态度和蔼、平静、镇定，在表达自我情绪的时候，没有必要用过高的音量、手舞足蹈的肢体动作。

坚定，要求你在表达之前妥善思考，设计好思维逻辑和语言内容，再清晰而全面地说出你的感受。基于你觉察到的问题，列举你的分析过程，讲清楚你希望达成的结果。

温和的态度能避免负面情绪爆发，从而将事态控制在正常范围内，不会伤害他人。

坚定的表达能避免你过分压抑负面情绪，从而减少不必要的忍耐，不会委屈自己。

通过温和而坚定的表达，忍耐的弊端能得以克服，由此争取到想要的结果，并让一段长期关系在积极情绪中获得更加真实和长久的发展。

表达情绪，而非情绪化表达

当代社会的成年人，往往选择了双重生活。在社会、职场中，习惯于扮演忍让角色，而当环境改变，你又可能会随意爆发负面情绪。

问题是，你真的懂如何主动“爆发”吗？或者，你只是在被动地被情绪所驱赶？

情绪的被动爆发

在我的课程上，当学员刚接触到情绪爆发的概念时，大多认为这是消极的。然而，这属于一种典型的误解。

大多数长期关系中，情绪爆发是正常且无可避免的。在职场里，你喜欢按预定节奏工作，但你的团队成员却喜欢擅自决定。在亲密关系里，你认为有钱就应该消费，你的女朋友却经常唠叨着让你存钱结婚。在家庭里，大学毕业后你想去一线城市发展，你的父母却每天打电话催你回家考公务员……

相比和陌生人的毫无交集，人们反而容易发现和关系密切的人之间存在难以调和的矛盾。当这种矛盾开始显露，情绪爆发的苗头也就出现了。尽管如此，这种爆发也并不一定是大吵大闹，它很可能起源于一句“烦死了”的抱怨，或者一次随意地挂断电话。

当情绪爆发时，并不一定表示情绪管理出现了麻烦。但如果情绪总是被动爆发，问题就会变得越来越大。什么是情绪的被动爆发呢？这是指在正常言行过程中，人们突然被某种因素所刺激，在无意识状态下爆发出负面情绪。

情绪的被动爆发经常表现为“小事大做”。“小事”突然出现，让人忍无可忍，就像有人在洪水到来时按下了堤坝闸门的电动开关，蓄积已久的负面情绪能量由此奔涌而出。结果，在对方看来明明是小事，你却大发雷霆；反之，在你看来并没有什么问题，对方却气得口不择言。无论在职场中，还是在亲密关系里，这种事情都屡见不鲜。

在课程班上，学员曾和大家分享过娱乐圈里的一桩事情：

Z 姓女明星和丈夫结婚后，曾在节目中公开表明双方在生活习惯中有很多不同的地方。

Z 是北方人，很喜欢在菜品中放大蒜作为调料，丈夫却完全不能容忍。Z 只能半夜偷偷起床，大快朵颐。结果，看起来只是小事的口味差异，在双方之间却导致了负面情绪的爆发，引发了持续不断的冲突。再加上其他种种矛盾，两人最终宣告离婚。

类似这样的事情，往往只有当局者才能体验到其中痛苦。看似是小事，却导致情绪的一次次被动爆发，最终造成关系的彻底破裂和终结，无论从利益还是从情感角度出发来评价，都可谓结局不佳。

当负面情绪来袭时，有人隐忍不爆发，也有人被动爆发，前者压抑了自己，后者伤害了关系。究竟应该如何正确向外界传递出负面情绪，从而科学改善自己和他人的关系呢？

负面情绪的表达方式

负面情绪并非永远是负面的，当你掌握了正确的改变步骤，它就有可能变成推动人际关系成长的积极能量。

在正确处理和表达负面情绪的过程中，以下四个步骤是非常重要的。

第一步，写出压抑的负面情绪。

情绪被动爆发，通常都由于被压抑的负面情绪不断积累，最终被一件小事点燃了脑海中的连锁反应，联想起之前发生过的一连串事情。

为了避免情绪受到这样的刺激而爆发，你需要做的是提前解除那些“定时炸弹”。为此，你可以将之前的负面情绪体验全部提前写下来，情况就会大有不同。

你可以将日常的不满写成清单，包括对方如何做会让你不满、哪些事让你最想抱怨、哪些事是对你利益的真实伤害、哪些事仅仅让你产生联想……当你逐步记录这些，你会发现自己始终在理性看待双方的信念差异，你不需要压抑自己的看法。由于没有了压抑，原本经常蠢蠢欲动想要情绪爆发的冲动，现在也几乎不再出现了。

第二步，调节自身情绪。

现在，你追随“不满清单”，开始归类之旅。

从“不满清单”起步，你可以将对外界的所有不满归纳到两条路径中，一是可以理解、宽容的言行，二是涉及原则底线而决不能妥协的。当然，你还可以进行二次分类，例如，将那些不能妥协的言行分为“暂时能容忍”和“现在就要解决的”等。

通常而言，在完成初步分类后，你的情绪就能获得有效调节了。

例如，你的同事注意到你和大客户的互动，然后当众开了些无关大雅的玩笑，你虽然听着不舒服，但你思考之后，觉得她业绩向来不如你，而且又喜欢开玩笑，这些事实让你觉得可以理解她的表现。你的负面情绪被引导到这条路径上，就很难对你内心形成过分的压力。

反之，如果同事当着领导的面撒谎，将你完成的业绩全部说成她的功劳。这种明显侵犯职业利益的言行激怒了你。此时，你无须进一步压抑负面情绪，而是要让它通往正确表达的路径。且不说这种路径选择最终会导向何种结果，其最现实的意义在于帮助你认识到“有路可走”。当你发现了这一点后，就会集中注意力，从无意识状态中走出来。只要你真正开始思考和分析形势，你就不会再轻易爆发，而是会考虑如何表达负面情绪并调节你和外界的关系。

第三步，对外进行沟通。

当你决定表达负面情绪之后，你即将主动对外沟通交流。此时，你要秉承的原则是：表达情绪，而非情绪化表达。

情绪化表达，是很常见的表达方式。它意味着外界会先感受到你的情绪，随后才可能了解你表达的内容，而这并非你设定的沟通目标。

例如，“你怎么回事啊？”“你气死我了！”“你这人怎么这样啊！”

当你看到这些字眼时，你最先感受到的是什么？是愤怒的情绪，还是引发愤怒的事实？

显然，你的答案是前者。你根本没明白对方在表达什么，仅仅知道他很愤怒。没错，这种表达方式本身就是无意识的，说话者可能根本就没有想清楚自己可以表达什么，他唯一想要表达的就是愤怒本身。

情绪化表达既不利于提高沟通效率，也不利于负面情绪的疏导。这种表达方式很难改变外界，也难以改变你的内心体验。从心理学角度而言，它更像是处于前语言期的婴儿表达方式，他们不懂得如何用语言表达真实情绪，只会用哭闹大叫等方式引起外界注意。如果两个成年人同时陷入了情绪式表达，就会出现各说各话的现象，每个人都在关注自我感受而忽略对方。

相比于情绪化表达，学会正确表达情绪才更重要。健康的情绪观能让人变得强大，而强者不会害怕表达情绪。你无需为人际交往中产生的负面情绪感到羞耻，也不要认为压抑这些负面情绪就是所谓情绪稳定。相对于维持表面上的情绪稳定，你更需要确切地感受、了解、接纳并命名负面情绪，再将它们的信息传递出去。

通过对比，很容易看出情绪化表达和表达情绪的区别。

情绪化表达："你上周末怎么不陪我看电影？"

表达情绪："上周末你没有陪我看电影，我感到有些难过。"

情绪化表达："你答应我要早睡不打游戏，怎么又没做到？"

表达情绪："你答应我早睡却打了游戏，我对你感到失望。"

显然，表达情绪与情绪化表达相比，态度更加温和，同时也更加坚定。你不需要让负面情绪爆发出来，而是采用更加稳妥的方式传递给对方。如此，对方接受的可能就更大。

别人虽然有回应你诉求的能力，也有感受你情绪的能力，但他们无法通过你的情绪来精准判断诉求。因此，你想表达诉求之前，应该先学会管理和命名情绪，才能发现那些被自己隐藏的负面情绪。你应坦诚地表达内心情绪，将感受说出来，而不是采用发泄的形式，让对方去猜测你的诉求。

表达情绪而非情绪化表达，对于很多人并不容易。这是因为他们曾经的家庭教育方式、过往的遭遇经历，让他们形成了不愿直接表达情绪的习惯。唯有走出这样的习惯圈，才能形成良好的沟通结果。

当然，即便你掌握了表达情绪的精髓，也不能排除对方就是不愿意作出改变。此时，你应该考虑采用第四步骤，进行一场建设性的冲突。

在有意识的情绪调节过程中，建设性冲突是最后步骤，也是最关键步骤。与破坏性冲突相比，建设性冲突的焦点在于如何表达情绪来解决问题，而破坏性冲突则试图情绪化地分出对错。

建设性冲突需要你具有两种品质：勇敢和坦诚。勇敢，需要你敢于直面和对方的矛盾。坦诚，即不隐藏自己的真实目的。

通过这两种品质的融合运用，建设性冲突的目的得以确立，你不必再努力证明谁对谁错，更不是为了发泄情绪。在建设性冲突中，你应该直接告诉对方你想要什么，但由于他的问题，你没有得到这种结果，因此你正在受到负面情绪的困扰，你希望他能作出改变。

建设性冲突并非想象中的那种激烈冲突，它不需要大声辩论和肢体语言，而是向对方充分明示矛盾，并提醒其注意这种矛盾放大后的恶果。借助这样的新型冲突模式，你将充分表达负面情绪，推动你和外界之间形成新的平衡态势。

搞定焦虑的五个步骤

认识焦虑情绪，仅仅是搞定焦虑的开始。面临“如果……就会……”的固执信念，应选择正确的武器，击败坚固的牢笼，让情绪重归自由。

焦虑，被夸大的一切

想要搞定焦虑，就要明确其内在的运行模式。焦虑不仅是“如果……就会……”的预言家，还是善于夸大其词的演员，它的表演或许并不高明，但足以让你的情绪为之波动不已。

焦虑尤其喜欢从内外两方面进行夸大。

第一，夸大外部世界的威胁。

“杞人忧天”的故事人人都知道。从科学的角度而言，“杞人”的担心并非愚昧，陨石坠落导致人类的生命财产安全受到损失，古今中外都有详细记载。然而，陨石坠落、星球爆炸等诸如此类的重大自然灾害事件，毕竟只有极低的概率，“杞人”

将之当成常态，为此焦虑到吃不下饭、睡不着觉，无疑是夸大了外部世界的威胁，成为焦虑情绪的典型案例。

第二，夸大内部世界的脆弱。

无论多么伟大的人，都有其内在的脆弱性，更不用说芸芸众生、凡夫俗子。在焦虑情绪的引导下，人们会更多着眼于自身的不足和劣势，将自己想得太过脆弱，仿佛不堪一击。人们经常会忽视自身潜能，尤其低估面对现实的心理承受能力和抗挫折能力。

在夸大过程中，外界舆论也积极推波助澜，“贡献”相当的力量。

以个人形象焦虑为例，随着互联网技术的发展，社交媒体的话语权分量不断增加，对社会审美观点的形成和发展产生了重要影响力。但是，这样的舆论环境又会显著增加形象焦虑。

互联网上，随处可见“毒鸡汤”的无形渗透，让很多人加深了对外貌的负面情绪。例如，“女生化妆是基本礼仪”“生娃后放弃身材是自甘堕落”“我负责貌美如花，你负责挣钱养家”之类的话语，传递着外貌至上的价值观。“身材自律就是个人自律”“穷人才不在乎身材”等话语，则将外形特征同个人素质、能力、品德、价值联系起来。一旦你相信了这种舆论，就会无形中低估自身，对外形的焦虑随之开始萌发生长。

出于对外部世界威胁和内部世界脆弱的夸大，这个时代的人们尽管温饱无忧，享受着现代科技带来的便捷，却更容易焦虑。

搞定焦虑的五个步骤

林林总总的焦虑，会干扰你的心智，打乱你的计划。大到一次投资，小到一次演讲，焦虑随时随地都能带来不必要的压力。适度焦虑虽然是有益处的，但人们往往无法保持其适度性，反而被焦虑轻易压垮。

当你面对焦虑时，“不逃避”应该是基本原则。逃避会让你更加看不清焦虑的来源，进一步夸大外部威胁和内部脆弱，让自己陷入恶性循环中无法走出。

在绝不逃避的基础上，搞定焦虑总共需要五步。

第一步，接受（Accept）。

接受，即直面焦虑情绪及其根源。

很多有焦虑问题的学员，在刚听到我介绍这个步骤时，第一反应是认为自己不可能做到直面焦虑。其实，焦虑归根到底只是情绪的一种，在没有达到影响日常饮食起居的程度之前，连疾病都算不上。即便你感觉自己陷入焦虑，也没有必要将之看成沉重包袱而急于卸下，因为你越是排斥和讨厌焦虑，它的程度就越是会加重。相反，你要从心理上全面接受焦虑，将之看成“不吃饭肚子会饿”“碰到开心的事情会笑”等正常的人体现象，随后才能开启与焦虑的和谐相处模式。

第二步，观察（Watch）。

当你接受焦虑之后，就能平和地停留在焦虑情绪中认真观察自我，体会自己的感受，再通过观察和分析，找到焦虑背后的原因。

你可以列出清单，将观察到的自身焦虑表现和原因加以记录，其内容越是详细，调节作用就越有效。至于具体的记录方式，可以根据不同的习惯进行。

例如，按照时间线记录：早起无精打采，略微焦虑；中午工休期间想到项目推进慢，焦虑加重；晚上临睡前想到第二天的汇报，越想越焦虑。

除此之外，也可以按焦虑行为、焦虑对象、焦虑时长等标准来分类记录。

在完成焦虑清单之后，你可以继续对每次焦虑情绪进行打分，打分范围是 1~10 分，根据你的实际体验来确定每次焦虑感达到什么程度。

利用焦虑清单，能明白自己焦虑的具体指向和程度，实现充分观察。

第三步，行动（Act）。

在了解清楚焦虑内容后，你就会发现有些事情其实并不值得焦虑，而另一些焦虑虽然合理但没有必要。最终，只有少数事情确实紧急而重要，需要立即采取行动，但并非单纯焦虑就能解决。

你需要针对最紧急而重要的事情开始行动，通过行动，这些“必要的焦虑”也能得到有效缓解。

第四步，重复（Repeat）。

对绝大多数普通人而言，生活本身充满重复，焦虑也会重复出现。与此相同，你的应对步骤也要遵循规律进行重复。尤其在第一次采取行动战胜焦虑后，你的心态会发生有益变化，你应保持“做好我能改变的，接受我无法改变的”态度，尽量将注意力集中在自我可以控制的事情上，对于那些无法控制的部分，则可以任由其发展变化。

第五步，最佳期待（Expect the best）。

当你焦虑时，内心在不断向自己作出最坏暗示，即外部威胁越来越大，内部世界则越来越脆弱，这似乎说明外部压垮内部已成为注定结果。然而，当你完成上述步骤的重复之后，你就能淡定下来，看清真相，并开始期待内在潜能的发挥。此时，你可以顺势而为，对未来作出最佳的期待，反转焦虑的核心信念。

消除愤怒的四重秘诀

无论你来自哪个国家或地区，拥有怎样的文化背景，也无论你的年龄、性别、教育程度、个性特征，当面临愤怒情绪时，身体反应通常都非常接近：开始双臂肌肉会紧张，导致握紧双拳。人体周身血管扩张，让人感觉热度上升，有些人的脸色会因此而涨红，四肢末端的皮肤温度也会上升。在身体内部，呼吸频率上升，心跳速度加快，血压随之上升。为此，心脏需要更努力地工作，向身体供应更多的血液，但这会对心血管健康造成影响……

愤怒本身并非大问题，问题来自其引发的矛盾：当你将愤怒归咎于外界，坚持“不应该这样”的核心信念，你就会聚焦于他人的错误，并觉得保持愤怒是理所当然的。

与此同时，相同的事情也会发生在他人身上，无论你的愤怒对你而言多么正当合理，也很难让他们进行充分而有益的改变。恰恰相反，他们会由于你的愤怒而同样愤怒。

结果，你虽然讨厌愤怒，但你又并不想消除它。你知道愤怒会伤害自己和别人，但你又有继续愤怒的借口。于是，你的想法只能在究竟是否消除愤怒之间摇摆不定。

再见，对愤怒的犹豫

愤怒的别称是“道德之火”，这把火会走向熄灭还是走向燃烧，完全取决于它如何被外界对待。

当你愤怒时，你总是会对外界有所期待。你希望对方有所改变，如果对方做到了，你的愤怒就会平息，愤怒之火也将迅速熄灭。

然而，价值观、思维模式或者利益的冲突，有可能让对方无法认同你的看法，也不能按你的要求去行动，反而认为你的想法才是错的。这样，你们的愤怒火焰就会相互引燃，导致矛盾升级，吵架、冷战、反目成仇、暴力相向……一系列恶果接踵而至。

类似的情况在我们身边比比皆是。

公司里，领导认为员工工作是在应付差事，员工觉得公司平台不好，办公室里因此总是充满火药味。

家庭里，父母认为孩子长大了不听话，孩子觉得父母对自己不理解，家庭里三天两头发生“内战”。

身处类似环境，很多人会从犹豫走向痛苦，他们会问自己：“我为 ×× 事情、×× 人，总是这样生气，有意义和价值吗？”随后，他们又很可能倒向愤怒的那一边，因为他们认定这样的愤怒是道德的、合理的。

作为情绪管理研究者，我很早就发现，大多数遭遇愤怒情绪问题的人群身上，都会出现犹豫心态。通常，他们会在两条路前徘徊不前：一是将愤怒发泄出来，给对方教训；二是息事宁人，不再争论对错，将愤怒压抑下去。这两条路一进一退，其实各有利弊，但愤怒者最大的问题不在于究竟选了哪条路，而是不知道如何选择，最终只能停留在路径的分岔口上，徒然消耗心理资源和情绪控制力。

其实，愤怒者并非只有两条路能走。在他们未曾注意到的维度，还有第三条路，那就是“先处理情绪，再处理事情”的道路，也是不必发泄和压抑负面情绪的道路。一旦你踏上这条路，就再也无需因面对愤怒而犹豫不决。

消除愤怒的秘诀

消除愤怒的第三条路，需要你改变既有的思维。

原先，你认为“他们做得不对，才让我生气”，你将目光投向他人，意在引发他们的改变来消除愤怒。现在，你必须正视自我，先解决愤怒带来的情绪问题，再去改变他人。

虽然看上去只是关注顺序的差别，其实质却有云泥之别：当你将注意力集中于他人，对自己的愤怒情绪是无意识的。当你将注意力集中于自我，你才能有意识地消除愤怒。

当你愤怒时，唯有自我意识才能帮助你走出困境、恢复理智，再借由理性引导去关注他人、解决问题。究竟应该如何做到这一点呢？“理性情绪想象”的训练可以帮助你。

开始训练后，你可以想象某种让你感到生气、烦恼的情境。例如，自己明明工作很努力，却因为同事有意推卸责任而让你背黑锅，被领导责骂。当你想象出这样的情境后，进一步设想自己是如何发泄或压抑的，再具体设想第三种选择，即通过改变想法和信念的方式，让情绪恢复稳定，让愤怒消失，并重新开始脑海中的演练，观察事情的结果会如何变化。

你坚持进行类似训练后，将能逐步掌握如下四种消除愤怒的秘诀。

第一种，有意识地控制。

有意识地控制愤怒，是通过语言、行为等方式，采用类似于转移注意力的方式，控制愤怒情绪。例如，当你生气时，可以背诵一些简短且理性的话语来提醒自己克制愤怒，将注意力转移到更有建设性的方面。当你感觉内心由于愤怒的冲击而变得不稳定时，不妨试着重复自己最喜欢的理性格言，进行快捷有效的情绪控制。

第二种，有意识地发泄。

发泄情绪不可取，但适当、有意识地发泄愤怒并不为过。尤其当你控制愤怒情绪效果不佳时更是如此。

据说，不少企业设立了“发泄室”。这些小房间里大都放有用于拳击运动员训练的人偶，如果员工感到不高兴，就可以独自走进房间，戴上专业拳击手套“痛打”人偶。他们可以将人偶想象成任何人，包括客户、上司、同事等。

员工们走出这里时，愤怒情绪已经得到发泄，心情会平和许多。他们见到那个曾经被想象中“痛打”的对象后，还可能产生内疚情绪，从而更好地工作。

发泄愤怒情绪，不一定是冲动的爆发，也可以是经过精心准备后的有意为之。你可以在遭遇引发愤怒的事件之后，离开特定环境，去做一些有氧运动，或者直接从事体力劳动。当感到劳累后，愤怒情绪就会消失很多，同时也避免了过激言行对自己和他人造成难以弥补的损失。

第三种，警觉愤怒、抱持自我。

愤怒之火在心头升腾而起时，更高明的做法是警觉愤怒、抱持自我。

心理学上的抱持是指让个体处于安全且舒适的环境中。这样的环境就像“安全屋”，能让个体充分舒展而不受过多需求、情绪的刺激影响。所谓抱持，意即像是父母怀抱婴幼儿那样保护自己，获得充分的安全感、归属感。

情绪良好时，应抱持自我；遭遇挫折、打击时，更应抱持自我，达到这一状态的前提就是对愤怒的警觉。站在第三者的角度，与内心情绪拉开距离，观察愤怒如何冲击你的大脑和身体。如果有必要，还可以闭上眼睛，似乎看到自己和愤怒的情绪分离，并想象自己因此而放松。越是这样做，越是能保护好自己，不会让自己被愤怒所占据。

第四种，带着爱表达愤怒。

有一次，“石油大王”洛克菲勒的得力下属爱德华·贝德福德在谈判中出现失误，导致企业损失了上千万美元的利润，其后可能造成的损失将会更大。

贝德福德的失误，让洛克菲勒十分恼火。他将贝德福德叫到办公室，后者心惊胆战地走进房间，以为迎接自己的是一场狂风暴雨，但只看到洛克菲勒正镇定地坐在桌前写着什么。

洛克菲勒停下笔，说：“我找你来，是想要探讨你的失误导致企业的损失。在此之前，我做了一些笔记，希望你可以看看。”

贝德福德看着他递来的笔记，感到非常意外。因为上面并没有对他的指责，也没有记录他造成的损失，只有他之前为公司创造的业绩、优异的表现。

当贝特福德看完笔记，洛克菲勒才和他谈起这次重大损失……

洛克菲勒用带着爱意的方式表达了自己的愤怒情绪，既实现了警醒下属的意图，也保证了双方关系没有受到伤害。此后，贝德福德积极学习如何管理自己的愤怒，每当他想要向下属发怒时，就会强迫自己在纸上写下这个人的优点，当他写完之后，愤怒也会就此消失。

在真正的愤怒面前，单纯的理智并不管用。每个人都应走出面对愤怒的犹豫，使用上述方法消除怒火。当你将方法升级为优秀的习惯，就能长期发挥作用。

化解委屈的三个关键词

生活中不乏这样的人，他们似乎天生比别人细腻敏感。在别人看来无关紧要的小事，会让他们感到不适，动辄向人抱怨唠叨，觉得自己是最不幸的人。但事实上，他们并未受到什么挫折、打击，也并没有体验到愤怒，却总是处于另一种负面体验中。

操控他们的负面情绪，称为委屈感。

委屈感的来源和伤害

相对于通常指向外界错误的愤怒，委屈感则更多集中于当事人所承担的糟糕待遇。他们通常会感觉自己被忽视、误会，承受了本不应承受的压力。

委屈感的来源因素众多，其中大多是因为人们的愿望无法得到满足而产生。例如，想要获得周围人的承认，想要得到更多收入，想要获得更高的社会地位等。

有时，人们也会出于对自身的迁就而委屈。当他们努力完成生活或工作中的难题后，并没有感受到应有的收获感、价值感，更多的是体验到难过、违心。

有时，人们也会因为对他人的苛刻而感到委屈。他们希望别人去做什么，只要对方没有做到，他们就会滋生出委屈情绪。

无论具体原因是什么，如果你越是经常感到委屈，就越容易形成习惯性的情绪反应，你将很难感受到开心。你会错误评估自己与世界的关系，认为自己付出的永远比获得的多，“倒霉的永远是我”。

委屈如同一条毒蛇，蜿蜒游入你的世界，在每个原本幸福的日子里播撒毒素。它将带来如下的不幸。

第一，造就自身痛苦。

如果只是小小的委屈，导致内心短期失衡，可能只会感受到轻微不适。但是，如果放任委屈情绪滋长，让不适感变得越来越强，将会造成漫长的心理压力，带来痛苦和创伤。

第二，导致不当行为。

虽然短期的委屈通常不会像愤怒那样容易爆发，但会导致委屈不易被察觉，反而容易被压抑。经常压抑委屈情绪，会让人形成错误的认知，并产生报复环境等不当行为。

第三，感染他人情绪。

没有人喜欢怨天尤人的同事、朋友或者家人，和这样的人共事、相处和生活，很容易被传染委屈情绪，从而难以感受到生活的美好，无法轻易开心。委屈情绪蔓延后，会形成特定人群的内心磁场，委屈感最强的人就是磁极所在。即使人群中其他人是开心快乐的，只要“磁极”还在，他们的良好情绪随时可能被吞噬一空。

正因如此，即便委屈者并没有和周围人产生什么过激冲突，他的人际关系资源也相当薄弱，很难得到别人发自内心的喜爱。委屈者虽然并未和别人产生什么具体的冲突，但所有人都会小心翼翼地提防他、戒备他，生怕有什么事情没注意到，让他感到委屈，开启无休止的牢骚，让人际圈子里充满怨气。

试想，当你处于这样的角色位置，你和周围人的关系还能改善吗？答案当然是否定的。

面对委屈的传统办法

愤怒感可以激发一个人的自我保护能力，焦虑感则可能促人奋进，但委屈感却往往很难发挥正面作用。委屈者自己也并不喜欢这样的情绪，通常而言，他们会选择以下方法来应对。

第一种，找到当事人直接沟通。

如果有人让你感到委屈，你可以直接找到对方沟通。这种方法虽然有可能化解双方矛盾，排解你心头的负面情绪，但却有一定的风险，需要你有强大的自信心和高明的沟通技巧。

如果对方和你的角色等级地位相近，或者其擅长理解和接受他人提出的建议，你就可以将自己的委屈情绪传递给对方，他或许能承认自己的问题，并予以改正。这样，双方将不再存在误会，而你也不必再承受委屈痛苦。

然而，如果对方高高在上、自以为是，即便你向其诉说委屈，对方也很难真正理解，甚至会对你予以批评指责，让你承担更多委屈情绪。正因如此，许多人宁愿承担委屈情绪，也不会采用直接沟通的方式解决。

第二种，找他人倾诉。

相较于直接找到当事人沟通，向他人倾诉是更安全的方法。如果对方并未引发委屈，也不是利益相关方，就更容易理解你的委屈情绪，或对你安慰劝解，或帮助你设想应对方法。但从长远看，向他人倾诉委屈并非毫无成本，随着“委屈—倾诉—劝解”这一模式的不断重复，你的人际关系成本也在不断攀升。

第三种，自我解压。

当然，你也可以选择既不和当事人沟通，也不向他人倾诉，而是采用文字记录的方式来排解委屈。这种解压方式的优势在于避免了沟通误会，也不会造成更大的人际关系成本，同时也能安抚自身委屈情绪。

利用文字记录等方式排解委屈情绪，具有一定的门槛，既需要你有充裕的时间和精力，又要有一定的文字组织能力，才能充分逻辑自洽，完成对委屈情绪的疏导。如果无法逾越这些门槛，文字记录反而可能会让你更加沉溺在负面情绪里。

化解委屈的关键词

面对委屈，除了传统的解决方法，也可以用专业情绪管理手段来走出困境。如下三个关键词能有效帮助你。

关键词一，换位思考。

换位思考即心理学意义上的同理心。你可以将引发委屈的他人当成自己，设身处地看待其感受，理解其行为。通过换位思考，你的负面情绪可能会大幅度减少。

“横看成岭侧成峰，远近高低各不同”，同样的事物，由于每个人所处的观察位置不同，体会到的风景也就有所不同。当你感觉自己受到委屈时，是否因为你观察的角度太过固定呢？带着这样的想法，将自己“换”到他人的位置去观察世界，经常能豁然开朗。

关键词二，自我赋能。

自我赋能，是个体对自己赋予更多心理能量的过程。当代人的委屈感经常来自获得感的缺失：明明为工作付出很多，收入却没有提高；明明为家庭付出很多，另一半却并不感激……这种感受越是强烈，委屈情绪带来的痛苦就越大。

自我赋能的意义，在于完成自我价值激励，实现精神动能的循环上升。例如，工作收入尽管没有提高，但在付出中提升了技能、积累了资源，这是在为未来跳槽作准备；另一半尽管并不感谢，但孩子看在眼里、记在心里，孩子的感同身受会让他健康成长……如果你能形成这样的心理感受，内心冲突就会大大减少。

通过自我心态管理，内在信念能够始终保有激情，外在的情绪感受才能减少冲突，从而进一步减少心理资源的损耗。

关键词三，明确界限。

委屈往往来自心理边界的模糊化。这种模糊化类似于情感的映射绑定，即“我对你如何，你就应该如何”。然而，成年人的心理都是有明确边界的，人际关系的双方既有承担责任的义务，也有独立行使的权利。事实上，在很多层面，你如何对别人，取决于你自己，别人如何对你，也应听从于别人自己。双方各自对自己的行为负责，并付出相应的成本。在此过程中，双方并没有形成明确契约，除非是民事法律体系规定的行为，否则就并不一定存在完全的公平。

因此，即便你自发地付出了资源，受益者也并没有义务必须实现你的期待。你的投入程度、时长完全取决于你自己，而对方也有其诉求和利益，甚至可能对方根本并没有觉得受益。当你面临这种情形时，必须保持充分的心理界线感，才能不会感到委屈。否则，你就会陷入这种“不对等”的关系里，纠缠不清。

当然，如果你的委屈确实来自对方违背法律、道德的规定，那就必须充分保护好自己，才能争取到应有的利益。

驱散迷茫的三个方法

从青春期特有的体验，到婚恋、职场中比比皆是的情绪，我们都难逃迷茫的拷问，却又时常苦于无解而陷入更深的焦虑。

迷茫，是人类由于面临过多的不确定性而产生的不安情绪。迷茫与生活中所说的“纠结”类似，其区别在于时间特征，迷茫更多是长期情绪体验，而纠结则相对短暂。这种情绪会让你不知道如何是好，不清楚做何选择，不能决定走向何方。

自古至今，人类始终在努力驱散迷茫情绪。孔子所说的“四十而不惑”，就坦率地承认自己是人到中年之后，才摆脱了迷茫情绪。先贤尚且如此，普通人更要通过自身努力，滋养内心力量，才能让自己不再迷茫。

迷茫的分类

迷茫或许不会造成生活的痛苦，但它如同一剂作用缓慢的毒药，会逐渐扼杀你的激情。想驱散迷茫，就要先认识它们的分类。

第一类迷茫，来自个人生存发展层面。

高考志愿应该怎样填，毕业了如何选择就业方向，进入职场后是钻研技术还是学习管理……诸如此类的问题，如果解决不当，都可能将人拖进迷茫的情绪逆境。

大学毕业后，我曾在外企工作一年，很快陷入迷茫。我发现外企和自己想象中的不同，每个岗位、每个人，都只是庞大流程上的具体环节，如同机器上的小螺丝钉。一方面，工作非常轻松，我几乎每天只用花两个小时就能完成任务；另一方面，这种轻松感让我产生了巨大的不确定性：难道我的工作生涯理应如此度过？幸运的是，几个月后我就终结了迷茫情绪，毅然选择辞职创业。

其实，很多人都曾有过类似体验，从“逃离北上广”到“逃回北上广”，从“不行就考公”到“一定要上岸”。在面临个人生存发展的重要议题时，许多人都会被不确定因素所影响，感觉无法看清未来。

第二类迷茫，来自社会关系。

无论是和领导、同事、朋友的相处情感，还是与父母、恋人、夫妻的生活情感，本质上都是人与社会之间的关系。每个人能否处理好这些关系，是决定自身幸福感高低的重要因素。

在处理社会关系的过程中，同样容易出现迷茫感。例如，“我到底应该和谁在一起”“我跟哪位领导走才好”“我和朋友的关系到底怎么了”，诸如此类的问题，都代表着人与人相处过程中由于矛盾积压而导致的迷茫状态。

第三类迷茫，是生命意义层面的迷茫。有人追求眼前现实，也有人思考得更为深层。在某个人生阶段，他们开始思考“我是谁”“我将去何处”“我生活的意义”等问题。他们希望克服这些问题的不确定性，真正认识生命的本质。否则，他们纵然拥有了财富，获得了感官刺激，也依然会感到无尽空虚。

历史上很多哲学家、文学家，生活优渥，地位高尚，但依然会对自我定位感到不解，对世界本质产生不确定，并因此陷入痛苦。他们并非无病呻吟，而是真正感受到了生命层面的迷茫。

对普通人而言，更多体会到的是第一、第二类迷茫。但实际上，无论哪种迷茫，人们的体验都是相似的，都是在不确定的现实面前感受到自身的无力。想要摆脱迷茫感，需要的不仅是外界鼓励，更多需要的是源于内心的力量。

内心的力量

我们应滋养内心力量，凭此穿越迷雾、看清方向。有三种方法能实现这样的目标。

第一种，感性的方法。

如果你相对感性，处世更多凭借直觉，那就可以用最擅长的方式来战胜迷茫。无论什么原因，当你不知何去何从时，就问问自己的心，问它想要去哪里。

人的生命终究是有限的。如果过分地被他人思想主导，被外界教条束缚，就等于淹没了自我内心的声音。与此相反，只有聆听直觉的呼唤，才能明白自己最想成为怎样的人。

我们尽管从小接受的教育更多侧重于缜密思考、科学认知，但如果你向来感性，在面临人生重大选择时，就不可能总是靠思辨来获得最佳答案。例如，是留在大城市谋求发展，还是回老家获得稳定的生活？面对类似问题，不同的观察和思考路径，很可能让你获得截然相反的答案。这些答案各有凭据，让你无法在短期验证其高下优劣。

既然如此，你就不必过于理性地关注当下哪里的待遇更好、工资更高，而是扪心自问究竟想如何度过一生，然后作出坚定的选择。唯有如此，你才能积极调动蕴藏在内心的热忱，充分激活潜在的动能，打破阻碍、战胜困难。

第二种，理性的方法。

如果你相对理性，遇事更多依靠分析，那就应该运用利弊判断来面对两难选择，作出去留决定。《素书》中说："贤人君子，明于盛衰之道，通乎成败之数，审乎治乱之势，达乎去就之理。"意思就是真正贤良明智的人在走上社会之时，就已经明确了历史的发展规律，既能预测未来的趋势，又能洞悉兴亡成败，从而通达去留选择的道理，即运用理性力量走出迷茫。

具体操作时，你可以先列出两个对立的选项，如"辞职创业"和"努力升职"，然后分别对比其利弊。

可以先列出前者带来的优势，包括拥有时间资源和事业自由，能获得他人支持，实现更大的人生价值。再列出其可能面对的弊端，包括顾不上家庭、可能会亏损等。

随后，再列出后者的优势，包括收入和家庭的现时稳定、有一定上升空间。但后者也具有弊端，例如，被真实市场所淘汰、遭遇升职瓶颈、缺乏生活激情，甚至未来由于年龄问题而被裁员等。

当你将两种选择的优势和弊端列举明白后，就可以根据对每项优势和劣势的影响力分析进行打分。那些你认为会产生重大影响的因素将获得高分，反之，则获得低分。最终得分更高的选项，就是你走出迷茫的途径。

这种理性赋分方法不仅能应用在个人生存发展方面，也能运用在对外关系上。通过列举自己与一个人、一个集体相处的优势和弊端，你同样能进行分数测试，并了解更为理性的选择。

第三种，灵性的方法。

灵性的方法结合了感性态度和理性分析，是更高维度的自我对话方式，能激发更深层次的自我觉醒。

当你面临较大迷茫问题又不知道做何选择时，不妨先设想十年后的自己处于什么样的状态。例如，你会在哪个城市，会和谁一起工作，又会过着怎样的生活……还可以再设想具体一点，包括你会有怎样的心情、怎样的外表等。

当这个未来的自己越来越具象化后，你不妨邀请“他”穿越时空，来到当下。当“他”看到现在的你正处于迷茫中，“他”会告诉你什么呢？

没错，“他”说的话会很重要，很可能就是你走出迷茫的终极提示。

这种想象中的自我对话，会充分调动你的内心意识，让你有机会找到属于自己的正确答案。相比感性的方法，灵性的方法对自我调动将更为彻底和长远，因此往往能产生更加神奇的效用。

应对挫败、重建自信的三个方法

挫败感，是指事情没有按照个体期待的方式发展而导致自身预期利益受损时产生的失落心理状态。挫败感会带来消极低落、自我否定的心理感受。

挫败感的根源

与沮丧相比，挫败感的特征更多集中体现于“预期利益”。当个体认为自己有可能获得成功但最终失败时，其体会到的挫折感最为强烈。相比之下，沮丧感更多来自现有利益的损失。

依据情绪 ABC 理论分析挫败感。A 属于对个体意味失败的事件，而 C 则是挫败感引发的各类负面情绪。

例如，男生带着鲜花和礼物，向女生表白，结果被发了“好人卡”。

销售想将产品推荐给客户，客户却毫无兴趣地走开了。

以为自己减肥很快能成功，没想到体重不降反增。

以为客户会对新方案很满意，没想到却要全盘修改。

…………

人生并非遭遇重大失败才会痛苦，他人眼中的小事，也可能变成你不得不面对的挫折感。追根溯源，在从 A 到 C 的路途中，背后的信念（B）又是什么呢？答案只有三个字：“我不行”。这种信念越是顽固，个人所体会到的挫折感就越强烈。

同样是被客户拒绝，那些业绩过人的销售高手，几乎不会轻易产生挫败感。这是因为他们没有“我不行”的信念。相反，他们更多会认为客户还没明确自身需求，需要自己去帮助客户。相反，普通销售员更容易缺乏自信，更容易被“我不行”的信念操控，也更容易产生挫败感。

从表面看，挫败感来自失败事件，但实际上，它来自“我不行”的失败信念。

应对挫败感

当彻底转变自卑的信念后，再去看待那些失败事件，就不会再产生挫败感，反而可能形成勇气和动力。通常有三种方法能实现这种信念的转变。

第一种，自我激励法。

每个人都有自我激励的潜在能力，而特定性格的人则对此更加擅长。在著名的“九型人格”理论中，“三号”成就型人格即如此。该类性格的人在遇到失败时，能更高效、持久地鼓舞自己，说服自己相信失败只是暂时的，成功一定会到来。

类似的自我激励非常重要。自我激励时，不需要有明确的证据来说服自己，它更多体现为对自我走向成功的期许。正是通过这种期许心态的建立，才能推翻“我不行”的信念，减少挫败感带来的负面情绪。

当然，自我激励法并非总是有用的。在遇到挫折之后，如果只懂得不断鼓励自我，却看不到确实存在的劣势，也可能导致遭遇更大的失败，最终无法支撑激励的能力。

第二种，环境激励法。

“树挪死，人挪活”，如果原有环境不能帮助你重建信念去消灭挫败感，你就要主动更换环境。新的环境应该能包容你的失败，当你在面对失败时，环境还将有助于你作出总结，帮助你获得教训，鼓励你积极进步。

例如，陌生推销是非常容易遭受失败事件困扰的职业，身处这样的外部环境，人们很可能频繁感受挫折。但如果你选择了优秀企业，你的上司和同事就会为你营造出良好的内部环境，帮助你重建“我很棒”的信念。即便你在外界受到打击，只要回到公司内部，就会由于这样的信念氛围而战胜挫败感。

积极的环境并不一定总是来自集体，你同样能主动寻找个人的新环境。接受心理咨询、参加情绪课程，甚至阅读自我心理辅导的书籍，都是以个人为中心创设新环境。在这样的环境中，你能感受到温暖的鼓励，能感受到自己如何从“不行”变得“真棒”，你将因此获得越来越充沛的自信力量。

第三种，自我提升法。

人们经常误认为自信是刻意进入的状态，却很容易忽视激活自信的能力。我们将后者称为自信力，拥有这种能力后，你的自信将成为常态。

同肌肉能力、记忆能力一样，自信力也是能经由有意识地锻炼而提升的。不过，自信力的提升不可能一蹴而就，更不可能依靠喊口号就能实现，而是循序渐进的过程，其重要前提是自知。

自知，就是客观、准确地认清自己。当你陷入挫败感情绪时，是受到了“我不行”的信念影响。然而，“我不行”这种想法本身就是笼统模糊的，你看不清自己的优势，才会被这种想法所控制，导致挫败情绪更为强烈。

实际上，每个人都是独一无二的，都有他独特的优势。真正的自信并非狂妄自大，而是在全面认识和了解自我的基础上，知道何事可为、何事不可为，更清楚何事擅长、何事不擅长。

在具体分析过程中，你可以从以下两步着手。

首先，将“我不行”的所有想法写清楚，写得越详细越好，包括不擅长做哪些事情、不擅长的原因、不擅长的体验等。之所以要写清楚，是为了将与之相关的负面情绪彻底剥离出去。一旦明确了“我不行”的部分，剩下的部分都将是你的优势，从而减轻挫败感。

当然，仅有这一步还是不够的，你还应针对性地自我提升。你可以对“我不行”的想法进一步拆解，将已写清楚的内容进行区分：一部分是天赋限制而导致的劣势，另一部分劣势则是由于努力不足而造成。对前者，你应该学会主动接纳、平和看待，而对后者则要通过积极学习、训练，有针对性地进行改变。

正是在改变的进程中，你才会真切面对现实，不断弥补不足。当你的短板一点点被延长，你的能力一点点增加，你就会走出挫败旋涡，重建人生自信。

以我个人经历为例。2009 年，我开始了第一次线下课程，参课学员有 50 名。按计划，我的课程会持续两天。但仅仅一上午之后，现场只剩下了半数学员，到了第二天下午，现场只留下了 10 余个人。

只有真正经历挫折感的人，才会懂得我那时候体会的痛苦。我简直无法面对这样的结局，对自己的选择充满了怀疑。我反复问自己，既然我如此热爱“九型人格”理论，我也充满向人们宣讲理论的热忱，为何却做不好讲课这件事？

幸运的是，我在挫败感旋涡里停留的时间很短，因为我开始运用自知的觉察方式来提升自信。

我反复回忆自己作为讲师的表现，从中寻找“我不行”的部分：形象方面，我声音不洪亮、台风不佳、肢体语言不生动；内容方面，偏于理论，缺少故事感，不够活泼生动……

我足足在纸上写下数十条，然后分成两大类。其中有无法改变的特质，如音质沙哑，对此我完全能平和接受。另一类则需要我努力加以改变，如课程内容设计、演讲表现风格等，这些既是影响课程效果的瓶颈，也是能通过训练提升质量的突破口。

明确方向后，我开始了日复一日地自我改变。直到三年后，我终于感受到了显著的变化。那是在东北的一次课程上，现场共有 200 名学员，没有一个人离开，更没有人玩手机、打瞌睡。当课程第一阶段结束后，大家还踊跃报名第二阶段的课程。

此时，我的挫败感早已荡然无存，取而代之的是坚实自信。直到今天，每当我站上讲台上，面对数百双眼睛，我都得感谢挫败感所带来的自知、自信，感激于扪心而出的那句“我究竟哪里不行”。

当然，想提升自信力，仅有自知还是不够的。战胜挫败感，是系统、长期的工程，还需要自爱、自律和自胜，那将足以成为另一本著作，值得我们用一生去研究和实践。

恐惧是对生命的一种保护

恐惧，是人类与生俱来的情绪，它伴随人类进化而出现，见证了整个人类文明的形成和发展。

远古时代，人类并不具备体力上的优势，属于自然食物链的下层环节。一旦遇到凶猛的肉食动物，个体的恐惧情绪将远远超过其他感受。恐惧能激发人的求生欲，刺激肾上腺素的分泌，体现为狂奔逃命或集体求生。

今天，我们的身心依然存续了祖先留下来的恐惧情绪。恐惧针对可能发生的损害而产生，这与悲伤指向已发生的损害截然不同。这种“可能”带来的刺激强度很大，超过了个体心理状态正常的承受能力，使其感觉自己无法消除这种可能，从而表现出身心的恐惧。

恐惧的根源

当今的文明和法治社会里，普通人基本上不会面临祖先体会到的那种恐惧。除了面对自然灾害、战争或者火灾、坠机、沉船这样的严重事故，其他时间面对的恐惧，更多是基于少部分损失而造成的。

根据损失的来源，可以分为四种：生物本能、家庭、社会和自我认知。

我曾经带过一位学员，他是一名健身教练，身高将近 1.9 米，体形壮硕且孔武有力。当他分享自己的恐惧时，带着羞赧的神情说自己最害怕的是蟑螂。面对女学员的哈哈大笑，他解释说，自己 6 岁那年的睡梦里，一只蟑螂爬到了脸上将他惊醒，从此以后他只要看到这种昆虫就会浑身起鸡皮疙瘩。这就属于典型的生物本能恐惧。

相比之下，更多的恐惧来自外界。

年幼的孩子离开母亲会感到恐惧，这是家庭的原因。

即便是成人，在和陌生人沟通互动时也可能感到莫名其妙的紧张、害怕等，这是社会的原因。

总有人担心自身工作能力或经验不足，在面对领导、同事或者客户时感到恐惧，这往往关系到其自我认知的问题。

在以上远离生死等极端情境的恐惧情绪下，多数恐惧都会被人有意识地加以控制或压抑，仅有部分特征能被自己或外界感知。有时，甚至只会通过面部的些许表情如皱眉、眨眼、张嘴等传递出恐惧情绪。

体验恐惧的关键词

很多人都过于恐惧自己的恐惧。你可能担心这种恐惧引发羞耻感，也可能担心自己无法完全战胜恐惧。其实，无论你对什么奇怪的事情有恐惧感，都没有什么好羞耻的，因为这是你成长经历的一部分，也是你人格的一部分。这种情绪就像你自身内心世界的投影，无论存在多么难以令人理解的部分，对你而言也属正常。更何况，不同的恐惧对每个人都起到独特的预警作用，它在警示你有危险，或者提醒你看到自我脆弱的一面。想要管理好恐惧，你必须避免被动逃避，而且主动体验以下的关键词。

第一，兴奋。

面对生物本能的恐惧，体验关键词是“兴奋”。不为人所知的是，恐惧经常是另一种形式的兴奋，当你将恐惧变成兴奋后，你就会战胜它。

例如，当你第一次在游乐园坐过山车时，恐惧感几乎能支配你。当你第二次再去时，你会感到恐惧逐渐让位于兴奋。当你第三次、第四次、第五次再去时，你会发现恐惧会弱于兴奋感。此时，你已经能反过来支配生物本能的恐惧了。

第二，修复。

面对家庭的恐惧，体验关键词是“修复”。家庭关系内最大的恐惧来自指责和分离，这种体验最早几乎都来自父母。如果处理不好这种体验，会影响成年之后与配偶、子女的关系。

在“修复”时，最重要的事情是原谅父母。你应该明白，无论是你和父母之间的分离，还是父母对你的指责，都并非他们的错误。从他们的角度看，他们已经完成了力所能及的最好决定。如果你看清了这一点，就能更容易接纳他们，不再对分离和指责感到恐惧。相反，你能尝试着更好地接纳有错误、有缺点的父母，逐步修复和他们的关系。最终，来自家庭的恐惧感就会被治愈。

第三，成就。

面对社会原因的恐惧，关键词是“成就”。当我们身处社会，最担心的不是一两次失败，而是害怕不被周围群体所接纳，并因此而感到恐惧。然而，一个真正优秀正直的人，只会凭借其贡献获得周围人的尊敬，又怎么可能被排斥呢？想要战胜这种恐惧感，就应努力获得造福社会的成就。

第四，状态。

当你面对自我认知恐惧时，意味着你所害怕的并非外界，而是自己。你害怕看到能力不足的自己，也害怕无法解决问题的自己，即便你获得成功时，也会害怕自己是否能维系水准。

此时，体验的关键词在于“状态”。该词来自美国心理学家约瑟夫·史兰德提出的“最佳状态疗法”。他认为，每个人现在就处于最佳状态，而每一个当下时刻也都是最佳状态。由于你的状态并不取决于你个人，还来自家庭、社会等多个因素共同作用，因此你现在的感受、表现，都是这些综合力量融合后成就的最好状态。

“最佳状态疗法”并非盲目乐观自信，而是要求你能接纳自我的每一刻、尊重自我的不同状态。无论你想作出怎样的改变，都要从现有状态基础上出发，再去掌控未来。

简易的“最佳状态疗法”，有如下操作步骤。

第一步，要真切地相信当下状态就是最佳状态。

第二步，要接纳和尊重你目前状态，你并非不够好，而是已经做到了目前的最好。

第三步，正因为它已经是最佳状态，因此是你足以掌控的。到下一刻，你将能比现在更好。只要你一点点优化现有状态，就能实现下个最佳状态。此时，你就会将注意力集中到下一步，而不会被恐惧所控制。

第四步，不断尊重、认可并信任自己。通过这几种行为，你将能破除“我不够好”的信念，解除由于自我认知带来的恐惧。

无论何种原因导致的恐惧，你都要定期去面对。大多数恐惧都有更为深远的根源，仅仅面对一次是难以减弱的。正如减肥人士会改变生活方式，进行定期而有规律地锻炼、节食等活动，并在持之以恒后才能获益。你也需要定期去面对各种恐惧，直到它带来的负面影响越来越小。

调节情绪从接纳情绪开始

调节情绪的练习适用于任何人。作为情绪 ABC 理论的重要应用工具，情绪练习帮助许多人走出了心理阴影。

这套练习共分为三部分，即接纳、正念与转念。

接纳负面情绪

接纳，就是接受情绪、事情和人。

只有接纳，负面情绪才不会滋长叠加，形成更多的负面情绪。十几年前，我根本就不是意气风发的培训师，而是上台讲话就会满脸通红、双腿发抖的“社恐患者”。那时的我，每次当众说话都如同面对噩梦，眼睛不敢看任何人，只能盯着地面，说话也经常语无伦次。

直到遇见这句名言，我才豁然开朗：“全世界的人都有两种最大的恐惧，一是害怕死亡，二是害怕演讲。”

我顿时明白，原来每个人都害怕演讲！这犹如一针强心剂，让我敞开胸怀，接纳了负面情绪。

从那之后，我每次上台前，就不会再考虑我为何如此恐惧，也不会一遍遍对自己强调“不要紧张”。随着我更加自然、放松，我的演讲表现也越来越好。

每个人都会面对不同的负面情绪，但最大的问题来自对负面情绪的焦虑。如果一味抗拒负面情绪，就会从焦虑走向愤怒、急躁，最终面对沮丧。这将不断消耗你内心的力量，影响最终的结果。只有接纳任何情绪，认识到负面情绪也属于正常情绪，个体才会将更多注意力集中到行动上，这会让状况远好于之前。

接纳事情和人

为了接纳负面情绪，还要学着接纳引发负面情绪的事和人。众所周知，大量负面情绪来自外界的事和人。当你无法接纳某些事和人，你就会由于它们而产生负面情绪。

有位家庭里刚添了小宝贝的学员曾如此表述：“孩子一哭闹，我就会很生气。平时，我是脾气很好的，但孩子哭起来，我就忍不下去……”

我问她：“你是难以接纳孩子呢，还是难以接纳哭闹？”

她瞪大眼睛说：“当然是哭闹啦！”

我说：“对啊，你无法接纳哭闹这件事。但这件事本身是正常的，孩子还没有成长到会讲道理的时候，他只能用这种方式来沟通。”

她还是犹豫地说：“可我就是会烦躁。”

我说：“你的烦躁情绪，你也应该去接纳，要知道这种情绪也是正常的。你可以先容许自己产生烦躁情绪，然后慢慢地将这种烦躁变成平和情绪。这样，你就能找到合适的方法来应对孩子哭闹这件事。”

她若有所思地点点头，说：“原来过去是我不对。”

我接着说：“不接纳，就会导致简单粗暴的态度，不许孩子哭闹。实际上，这既是对孩子的伤害，也是对自己的伤害。”

学会接纳事情和人，是接纳情绪的重要前提。当然，接纳并非放弃管理，而是积极改变。接纳是主动和投入的，不对情绪、事情和人加以逃避、抵抗和评判，而是允许它们表现为原有的样子。做到这一点，你就拥有了开放的心态，能作出积极改变。相比之下，放弃则是被动和收缩的，只是假装没有看到负面情绪，不去注意事情和人，本质上体现出无力感、失望感，自然也不会有任何改变。

相比放弃，接纳传递会给自己坚定的立场，让自己始终将注意力放在自己能改变的事物上。

接纳练习

当然，接纳能力并非与生俱来，它需要不断地刻意练习。其中，读诗对练习很有帮助。

我允许一切如其所是

海灵格

我允许任何事情的发生。

我允许，事情是如此的开始，

如此的发展，

如此的结局。

因为我知道，

所有的事情，都是因缘和合而来，

一切的发生，都是必然。

若我觉得是另外一种可能，

伤害的，只是自己。

我唯一能做的，

就是允许。

我允许别人如他所是。

我允许，他会有这样的所思所想，

如此评判我，

如此对待我。

因为我知道，

他本来就是这个样子。

在他那里，他是对的。

若我觉得他应该是另外一种样子，

伤害的，只是自己。

我唯一能做的，

就是允许。

我允许我有了这样的念头。

我允许，每一个念头的出现，

任他存在，

任他消失。

因为我知道，

念头本身本无意义，与我无关，

他该来会来，该走会走。

若我觉得不应该出现这样的念头，

伤害的，只是自己。

我唯一能做的，

就是允许。

我允许我升起了这样的情绪。

我允许，每一种情绪的发生，

任其发展，

任其穿过。

因为我知道，

情绪只是身体上的觉受，

本无好坏。

越是抗拒，越是强烈。

若我觉得不应该出现这样的情绪，

伤害的，只是自己。

我唯一能做的，

就是允许。

我允许我就是这个样子，

我允许，我就是这样的表现，

我表现如何，

就任我表现如何。

因为我知道，

外在是什么样子，只是自我的积淀而已。

真正的我，智慧俱足。

若我觉得应该是另外一个样子，

伤害的，只是自己。

我唯一能做的，

就是允许。

我知道，

我是为了生命在当下的体验而来。

在每一个当下时刻，

我唯一要做的，就是

全然地允许，

全然地经历，

全然地体验，

全然地享受。

看，只是看。

允许一切如其所是。

当你想要接纳情绪、事情和人的时候，请摆正姿势，开始深呼吸，然后在朗读中静静感受。

当你读完之后，你的内心将变得越来越平静而有力。这就是提升接纳能力的开始。

正念练习的三大方法

“高速公路收费员”的故事曾经让我倍感震撼。故事主角是一位高速公路收费站的收费员，15 年来，她每天唯一的工作就是坐在收费站里，对每辆经过的汽车收费。这件事经过了漫长的重复，变成了她的惯性动作，她也从没有犯过错。但到了第 16 年，收费站取消了，她失业了。此时她才发现，除了这件事，她什么也不会。

其实，无论我们从事怎样的工作、过着怎样的生活，我们都可能变成故事中的主角。这是由人类大脑运行机制造成的。

回想我们的一举一动就能知道，大脑总是在抓紧机会“偷懒”。从早上起床洗漱、打扮，到出门上班，再到开始工作……当你处理这些事情的时候，几乎从未思考。你不会去思考如何刷牙，如何刷卡上地铁，也不会犹豫电梯应按到哪一层。这些事情已纳入大脑自动运行的机制中，让你更加省力。

然而，如果大脑习惯于这样的机制，你会发现每天都是依靠惯性在做同样的事情。从日复一日，到年复一年，虽然看似充实，但情绪体验逐渐空虚匮乏。与此相比，更坏的结果就是陷入负面情绪的惯性，有些人习惯了愤怒，也有人习惯了抱怨，无论碰到大小事，都会发火、唠叨甚至争吵，导致人际关系越来越差，生活幸福感越来越低。

想改变这一切，就要主动停下大脑的自动模式，正念练习正是由此而来。

1979 年，美国麻省理工学院的退休医学教授卡巴金博士开设了一家减压心理诊所，并率先使用“正念减压疗法”帮助病人以正念的方式处理内心压力。此后，正念成为重要的精神训练方法。这种训练方法强调个体有意识地觉察当下，对自身当下的一切情绪、观念、想法都不予评判，只是单纯地关注。

碎片化训练

利用碎片化时间进行正念训练，更适合现代人紧张忙碌的工作节奏，便于短暂调整情绪状态。

开始训练时，放松端坐，后背轻松离开座位的靠背并自行支撑，双脚应平放地板，双眼闭合或俯视。

调整好坐姿后，将注意力集中在呼吸上，关注每次的吸气和呼气。此时，只需要关注气息运行，不用刻意寻找其他调节方式。在此过程中，注意力如果被分散，需要重新集中，但不用自责或严格督促自己。如此平静宁和的态度，才是正念练习的关键。

最终，你的心态会变得非常平静，犹如一泓古老的清泉。

即便无法达到这种效果，或者产生的感觉极为短暂，也要顺应地接受，千万不要自责或刻意。

在达到这种感觉一分钟后，可以睁开双眼，环顾身边景象。

随着对练习过程的不断熟悉，你将学会在任何环境下进行正念练习。无论是行走、坐卧，还是身处不同环境，利用各类碎片化时间，你的情绪能获得不同程度改善。

正念日训练

正念日训练，即从每周中抽出任意一天进行正念训练。在这一天，你要学着忘记其他时候应该做的工作，也不要安排任何聚会、接待任何来访，只需做些简单的家务。

在做家务时，你要先对手头事情进行分类。以打扫房间为例，可分为清理物品、收拾书籍、清洁盥洗室、擦净浴室、打扫地板、清除灰尘等。你要为每件事务安排足够充裕的时间，在操作时放慢动作，确保对每件事都全神贯注。

例如，当你整理书籍的时候，要看着书籍封面，清楚它的分类，知道自己要将之放到书架的哪一格。然后，伸手取书，再将之放到书架上，避免任何粗暴、突然的动作，保持呼吸的顺畅。

当所有家务完成后，用慢动作淋浴放松。然后可以喝杯茶、听段音乐、读一本书。在做这些事情时，不要分散注意力，要全身心地体会沐浴的感受、茶汤的香气，全神贯注地思考自己听到和阅读的内容。

这一天，你还应该散步两次，每次半小时至四十五分钟。

傍晚时，你可以准备晚餐，只需要清淡的食物、凉爽的果汁即可。入眠前，静坐一个小时。此时不应读书、听音乐，更不能接触数字产品，而是彻底放松。可以闭上眼睛，轻柔呼吸，跟随着腰腹部的起伏动作，成为呼吸节奏的主人。同时，在脑海中重复白天的每个动作。

如此度过一天，会让你获得日常不曾有的体验，这就是正念日的价值所在。

人生正念练习

相对于前两种练习，第三种练习面对的议题更大，它面对着人生的成功与失败。

练习开始后，回忆自己人生中所有的重大成就，要像英雄擦亮勋章那样对之一一检视。在此过程中，你要回顾是哪些因素陪伴你走向成功，是才华、品格、能力还是其他有利条件。

通过这段练习，你会发现成功并不完全属于你的个人能力，它也来自凭你自己无法塑造的外界条件。在此之前，你可能感到自满骄傲，但在此之后，你就能舍弃盲目自大，真正走向自由。

随后，开始回忆生命中的挫败经历。你尽管不喜欢面对，但还是要寻找造成挫败的主客观原因。渐渐地，你会发现挫败并非全然归于你，它们同样也源自有利条件的不足。只有当你确认这一点，才不会被记忆中的失败痛苦所困扰。

学会用这样的练习来回顾、面对和预示人生重大成败时，正念练习的效果会更加显著。

转念只需要四个问题

情绪 ABC 理论说明，真正持续影响个人情绪的不是外在事件（A），只有转变信念（B），才能真正杜绝负面情绪（C）。因此，转变情绪的根本方法，就是转变信念。

对信念的转变能力并非人人生而具备，相比接纳、正念，转念对个人素质形成了更强的考验。为了有效练习，“转念作业”应运而生。在这套练习中，个体需要面对四个问题，逐步转变信念。

假设你是一位高中班主任。你的班级内有位学生迟到了，你感到很生气。在事件（A）和情绪（C）之间，你意识到存在着这样的信念（B）：“已经高三了，还迟到，一点都不努力。将来考不上好大学，一定会后悔。”

以此为起点，你可以通过如下四个问题完成转念。

第一问：这是真的吗?

“高三学生迟到，就说明他不努力，更说明他未来的人生是悲剧。”这样的信念，是真的吗?

你的第一反应当然是肯定的。因为高三的学生必须给自己充足压力，持续努力奋斗，这个学生居然还迟到，这就是缺乏紧迫感的表现。在这个竞争激烈的社会里，考不上好大学，以后该怎么办呢?

在这一步，你要毫无顾忌地让情绪在内心释放。你仿佛看到了各种故事开端的可能，你可以让它们在脑海中完整充分地释放，无须加以抑制。即便有人对这些想法加以否定和批评，你也不用在乎，而是应该将所有脑海中的负面情绪以这种方式倾泻而出。

第二问：我能肯定这是真的吗?

当你向自己提出这个问题时，引发你负面情绪的信念（B）将开始松动。为了应对问题，你会思考和发现更多可能。

迟到不一定代表不努力。这个学生平时的听课、自习表现都不错，他今天可能确实不是故意迟到，并不代表真的松懈了。

迟到就一定考不上好大学吗?按照学生平时的表现，他考上一本的可能性还是有的。

没有考上好大学，人生真的就毁了吗?你回想到自己的某些高中同学，高考成绩虽然一般，但好像现在发展也不比你差太多……

通过询问“是否肯定”，原本在你认知框架内坚如磐石的信念开始动摇。之前，你觉得这个学生无可救药了。但现在看来，情况似乎也并没有那么糟糕。你更会发现，平时那些让你深信不疑的事实，并不一定是确定无疑的。

第三问：我原本会怎么办？

按照原有的信念，“孩子高三还会迟到，将来肯定考不上大学”，你一定会失望、愤怒，将学生狠狠批评一顿。你也可能会通知其家长，让家长严加管束。这位学生可能遇到了什么难言之隐，或者是晚上在家学习太久而没有充足的睡眠，但你已迷失在负面信念里，根本顾不了那么多。

好在，经过刚才的第二问，你已经发现持有这种信念的自己，情绪过于消极，做事也过于简单直接。

是的，体验、感受、想法这些因素，原本并不具有任何伤害能量，除非你对它深信不疑。你的所有负面情绪，都来自潜在的负面信念。

第四问：我应该怎么办？

这是你问自己的最后一个问题。由于你抛弃了原有的负面信念，情绪变得平和，你认为自己有责任先了解学生的迟到原因，希望知道他究竟是遇到了什么困难，还是真的有所松懈。

等了解清楚后，你开始思考，自己作为班主任应该怎样去帮助他。就这样，你从动辄发怒的教师，成长为真正为学生着想的优秀班主任。你所经历的最大变化，就是内在信念的转变。

当你面临任何负面情绪时，不妨运用上面的方法。你所承受的情绪压力会由此得到很大程度缓解，更可能迎来彻底反转。当你再次面对类似事情时，你的负面信念已经被反转，负面情绪体验也就不会再像之前那样激烈了。只要你坚持这样的练习，就会迎来令自己都惊叹不已的成长变化。

正如美国社会心理学家费斯汀格所说：“生活中的 10%，由发生在你身上的事情组成，而另外的 90%，都由你对所发生事情的反应决定。”当我们在产生情绪的那一瞬间，就能迅速觉察自我信念，开始“转念练习”，以四个问题来看清真相。那么世界上 90% 的事情，都将能带来美好和谐的感受，曾笼罩在我们心头的狂风暴雨，也会化为雨过天晴。

第五章

善用：激活情绪能量

善用情绪，意味着重视主导地位。要让理性主导情绪，而不是被情绪所主导。

善用情绪的五大要点

生活中，人们经常将情绪视为问题，“控制好你的情绪”“别把情绪带进来”的说法比比皆是。然而，情绪真的等于麻烦吗？答案是否定的。

身体出现问题后，我们不会想抛弃身体。面对情绪，我们理应同样如此。不佳的情绪体验同样是生命的组成部分，考验着每个人与其相处的态度和方法。在我的课程中，无论是对情绪的认知，还是接纳、读懂和调节情绪，都并非将情绪看成问题。我带领大家完成每一阶段的学习，只为了最终目标：善用情绪，激活其潜在能量，变成增强生命活力的宝贵资源。

善用情绪离不开以下五大要点。

重视情绪主导生命时的状态

在人们的思想言行背后，存在两种主导力量：理性和情绪。大多数时间内，自我受到理性主导，但当情绪波动时，人们往往会失去应有的情绪感知和管理能力，被情绪所主导。

情绪可能主导思想。一旦背负了负面情绪，你很可能胡思乱想，说出的话语也会缺乏逻辑。

情绪可能主导行为。当你感到害怕时，会想逃跑。当你愤怒时，会有扔东西、打人的冲动。即便很多人表面没有改变，但他们情绪出现问题时，就会疯狂购物、暴饮暴食……

善用情绪，意味着重视主导地位。要让理性主导情绪，而不是被情绪所主导。

发挥保护作用

情绪是每个人的组成部分，更是正常的生理机能。即便是令人讨厌的负面情绪，也具有保护个体的作用。

愤怒，是在遭遇外来威胁时，能保护你的力量。

恐惧，是在遇到危险时，能提醒你防御的力量。

悲伤，是在出现损失时，能提醒你重视的力量。

重视情绪的保护作用，才能避免一味只想摆脱情绪问题，转而看到它们更为全面的价值。

认识个人天赋

情绪不仅是信念的传递，还隐藏着个人的天赋信息。古人云："江山易改，本性难移。"每个人都有其本性，本性源于人的天赋，在日常生活中表现为"脾气"。

通过观察情绪，我们能重新审视脾气、认识天赋，从而全面了解自我特点。

发挥沟通功能

情绪有着神奇的功能。通过情绪，人类能迅速传递彼此的感受，这不需要借助语言，甚至不需要人和人直接见面。

回想一下，当你和朋友用微信聊天时，虽然不知道对方身处怎样的环境，但他从聊天开始就在发送笑脸表情包，你是否能体验到他的情绪？显然，即便你不知道原因，也会在心里感到高兴。他即便什么也不用说，但他的快乐情绪会传递给你。

情绪既能传递积极情绪，也会传递负面情绪。如果你无缘无故地被同事翻了一个白眼，即便他什么也没说，你也会感受到不满情绪。

情绪传递是人类独有的高级沟通功能。但是，大部分人仅看重沟通过程中的信息传递，而没有重视情绪的传递，这反而造成了沟通效率的下降。

例如，你对同一对象表述相同的话语，决定沟通效果差异的就不是信息，而是情绪。如果你充盈着激情展开演讲，积极情绪就会传递给听众，让他们心潮澎湃，愿意相信你传递的信息。反之，如果你表情呆板、语速平庸地表述，听众也就无法与你建立更全面的沟通。

即便在彼此非常熟悉的家人之间，情绪传递也会改变相处状态，这在生活中是屡见不鲜的。

例如，夫妻结婚多年，丈夫开始由于各种原因晚归，他给出的理由千奇百怪，从陪客户、开会，到钥匙落在办公室、老板让送材料去医院。

人们或许认为，丈夫对家庭的责任感不够，社交过度，甚至是变心了。但是，回到问题的开端，妻子是否有责任呢？有可能有，因为妻子没有意识到负面情绪的传递机制。当丈夫第一次加班回到家，妻子就下意识地不断抱怨，“你天天就在外面混”“你从来不带孩子”“你一点也不关心这个家”……久而久之，妻子的负面影响全部传递给丈夫，让丈夫对家庭环境感受越来越差，也就更不愿意回来了。

自然，我们不能将问题归因于妻子，但这足以说明，情绪的传递功能对任何关系的沟通处理都非常重要。我们想要善用情绪，就要始终清楚自己在关系中传递着什么情绪，同时也了解自己在关系中接受着怎样的情绪。

建立应对原则

在关系沟通中，我们不断被他人的情绪影响。有时候，我们可能会被别人匪夷所思的态度吓到，也有可能被对方激怒。即便懵懂无知的孩子，也可能破坏我们原本宁静的情绪世界。

想要善用情绪，你必须建立应对他人情绪影响的原则。

首先，要保持内心的稳定性，不能轻易被对方的情绪龙卷风带走。其次，还要看到他们隐藏在情绪背后的诉求。相比前者，后者对你的考验更大，不仅要了解对方情绪问题的起因，还要能帮助他们解决问题。例如，悲伤的人想要被安慰、被理解，恐惧的人想要被保护、被支持，愤怒的人想要获得重视、找到方案……无论任何负面情绪，都或多或少隐藏着这样的对应关系。

当然，看懂负面情绪背后的诉求，并不代表你必须给予满足。你需要在了解对方想法的基础上权衡利弊，在更加尊重自我情绪还是更加满足对方情绪之间作出选择。有时候，你还可以选择暂时搁置矛盾，加以冷处理。总之，只要你能理解他人负面情绪产生的机制，你才能确保自己立于运用情绪的不败之地。

主导情绪而不是被情绪主导

情绪是我们内心世界的重要组成部分，但无论它多么重要，都不能任由其膨胀。只有从情绪那里夺回主导权，你才能和情绪正确相处。

“我和情绪是什么关系？是我在主导情绪，还是情绪主导我？”

想要善用情绪，这是必须时常扪心自问的问题。

主导情绪的步骤

生活中，当人们被情绪主导时，整个生命状态就会陷入“牢笼”。你是否有过这样的体验：愤怒时，一点小事都会让你感觉烦躁；悲伤时，你对任何事情都变得不感兴趣；恐惧时，为了避免被人批评，干脆不和任何人交流……

幸运的是，你和情绪的关系可以逆转，通过正确步骤，就能降伏情绪，成为其主宰者。

步骤一，停下来。

当你愤怒、恐惧、悲伤时，可能都有过向好友诉说的经历，这背后的潜在愿望是寻求帮助。你希望有人劝说、分析，帮助你恢复对情绪的控制。不过，你不能永远指望外界。如果情绪是一匹马，请记得给它装好缰绳，并紧握在自己手中，以确保永远拥有随时勒住其脚步的能力。

想要让情绪停下狂奔，你可以用以下这三种方法。

第一种是离开现场。当你觉得继续留在现场会导致情绪失控，如骂人、痛哭甚至动手，那你就需要暂时离开，静静等待内心情绪的冷却。

第二种是转移注意力。当你由于某件事而产生负面情绪，并感觉难以自拔时，可以试着转移注意力，适当采取“逃避”的行动。这种“逃避”并非消极转移，而是主动调整状态，犹如马拉松运动员主动调整配速那样，让自己获得休息的机会。

第三种是七字口诀，即“脚踩大地深呼吸”。你可以安静地站立或端坐，感受自己的脚是如何踩住大地。然后，做深呼吸，引导气流吸入丹田，感受它是如何在身体里来回的。

需要注意，“脚踩大地”更多是指自身的感受，而非用力方式。“深呼吸”也应是腹式呼吸，而非胸式呼吸。当你正确完成上述操作，你就会摆脱引发你负面情绪的信念，转回当下状态。

上述三种方法的难度循序渐进，有效性也逐渐增强。

步骤二，与情绪对话。

与情绪对话的主要方法，正是本书第二、三、四章的内容，分别是看见、读懂和调节情绪。

看见情绪，需要对其命名。读懂情绪，需要读懂信念。而调节情绪，则离不开转念练习。当你想要和情绪对话时，可以将之前学过的这些方法重复操作，在此过程中，你会逐渐夺回主动，看见驾驭情绪的希望。

步骤三，主动驾驭情绪。

你越是害怕坏情绪，就越是会被其控制。为了学会和坏情绪相处，你可以主动抓住机会，捕捉坏情绪出现的苗头，再主动适应。如果情况允许，你甚至可以主动“创造”坏情绪，练习如何对其进行正确处理。当你敢于直面坏情绪后，它才能更好为你掌控。

如果你害怕某种体验（如游乐园里坐过山车），在确保自己安全的情况下，多去接触那种体验。

如果你害怕悲伤情绪，那不妨看看悲剧电影、听听悲惨的故事。你不会沉浸于虚构情节中，但却可以练习和悲伤情绪相处。

当你不再躲避负面情绪，便学着迎接它们，使之成为你生命的组成部分而为你所用。

和情绪正确相处

驾驭情绪并不是为了压制，而是为了正确相处。只有相处适宜，你才能发挥任何情绪的力量，这离不开以下四个要点。

要点一，深入理解情绪。

真正理解情绪，是认识其能量的本质，即情绪没有好坏之分。

任何情绪的本质都是心理能量，人们习惯于根据能量带来的体验是否舒适来判定其好坏，但体验结果并无完全的必然性。有人在发怒后觉得身体很不适，也有人发怒后会产生“解压”感。有人连悲剧电影都不愿看，也有人偶尔会喜欢听悲伤感的慢板乐曲。即便是人人闻之变色的恐惧情绪，也有人对坐过山车而着迷，他们着迷的不是游乐，而是恐惧。

当我们深入理解情绪的能量性，才会明白情绪并不糟糕，只有管理不好这种能量才会糟糕。

要点二，了解自己害怕的情绪。

每个人特点不同，各自害怕的情绪也有所不同。

有人看似和蔼温顺，其实只是因为他害怕愤怒的情绪，害怕到不允许愤怒在心头滋生，更无法将之表现出来。

有人表面谨小慎微、厌恶风险，其实只是因为他害怕恐惧的情绪，如果没有想到足以解决风险的方案，他就会遭遇这种情绪。所以，他需要提前做很多不必要的应对措施，甚至焦虑得无法入睡。

当然，也有人害怕委屈感、自责感……当你认识到此，就会感到释然，明白自己逃避的并非外界，而是害怕的情绪。

要点三，真实勇敢面对情绪。

当你即将迈向人生重要场合并开始紧张时，要承认害怕，千万不要说“我不害怕”。

当你为下一阶段工作焦虑时，你要面对焦虑，千万不要假装淡定地说“我无所谓”。

真实面对情绪，需要拒绝自我欺骗和刻意逃避，更需要培养勇气。当负面情绪出现时，你的第一选择不应该是逃走，而是允许情绪和自己共处，在共处中增进勇气。

要点四，迎接风起云涌，笑对潮起潮落。

世界上有岁月静好的平凡生活，也有大起大落的精彩人生。当我们懂得和情绪和平共处，就会逐渐学习到这两种看似截然相反的生活态度。一方面，我们可以允许自己被情绪控制，去积极体验人生当中的喜怒哀乐、悲欢离合，允许自己感受丰富的情绪体验；另一方面，我们又要让自我内心强大，无论面对怎样的负面情绪，都可以从容面对，并确信这迟早将过去。

小和尚问老和尚：“你修炼这么久，是否已经没有了喜怒哀乐？”

老和尚：“不，我依然有。”

小和尚：“那和你修炼之前有什么区别？”

老和尚：“修炼不是为了消除喜怒哀乐，而是能避免完全掉进内心。我能在感受喜怒哀乐的同时，看清自己生命的一切。”

这样的境界需要用一生去体味、研究和实践，它虽然不容易达到，却是每个人都应该努力精进的方向。

透过情绪重新认识自我

人生旅途中，每一处风景都造就着认识自我的机会，通过观察情绪传递的体验信息，你同样能重识自我。

认识自我，不能仅靠大脑的理性功能。人类大脑尤其善于自我欺骗，而情绪却不会。

试想这样的场景，当你在驾校第一次摸到汽车的方向盘，大脑很可能会不断发出“我不够好”“我做不到”的提示。当然，这很可能是假话，你如果信以为真，就会失去继续学习的信心。相比之下，情绪不会撒谎，当你真的想要学会驾驶，情绪就会强烈地传递出“我可以”的信号，指引你通向成功。

正因如此，苹果公司创始人乔布斯说：“要跟随你的心，而不要盲从于权威和教条。”所谓跟随内心，就是指尊重自我情绪，聆听其传递的信号。

解读情绪发出的信号

不同情绪隐藏着各自的信号。你愤怒，说明对别人或自己的要求尚未实现；你悲伤，说明希望被看见、理解和关爱；你恐惧，说明渴望确定性……

如何解读复杂情绪背后的信息呢？需要你向自己提出三个问题。

问题一，这个情绪是什么？

问题二，什么情况下我会有同样的情绪？

问题三，这个情绪呼唤什么？

无论你处于何种情绪的影响下，思考这些问题，都会得到明确而有效地指引。

例如，你即将参加重要的会议，公司老总将亲临会场听你的汇报。开会前，你表面镇定地坐在椅子上，但实际心跳很快、双腿发软。此时，你最好的选择是自我提问。

——这个情绪是什么？答案是“紧张”。

——什么情况下我会有同样的情绪？“公开说话、表演，承担重要责任，做自己没有把握的重要事情时”。

——这个情绪在呼唤什么？“表现出更好的自我。”

又如，你被好友误解，感到难受、失望。此时，你最好的选择依然是自我提问。

——这个情绪是什么？答案是“委屈”。

——什么情况下我会有同样的情绪？“明明努力工作却不被重视，充分表现却不被信任的时候。”

——这个情绪在呼唤什么？“希望别人理解我。”

通过上面这些问题，你就会知道负面情绪从何而来，也能知道你所期待和需要的态度，从而可以选择正确表达自我，而不是盲目沉溺于负面情绪。

采用这样的解读方式，能产生两方面益处。

首先是读懂内心要求。很多时候，人们只知道自己做过什么、应该做什么，但忘记了自己真正需要什么。通过解读情绪信息，能传递出内心的声音，挖掘我们真正想要的目标。正是这些问题，让你能将注意力放到自己身上，通过情绪信号来观察自我，实现反省和检视。

其次是自然改变情绪状态。当你了解自身真正要求后，就能通过寻求满足而主动改变情绪的状态。例如，当你知道紧张情绪代表着“表现更好自我”的要求，你就会事先积极准备，准备越充分，自我表现就会越好，你的情绪状态也会自然获得调整。

普通人只是懂得将情绪看成情绪，任由其释放甚至主导。经过学习的人却能深度探索情绪，将其变成认识自我的信号，从而掌握与情绪相处的主动权。

认识生命天赋

识别情绪传递信号，不仅能更好地帮助你了解自身需求，还能回溯成长的历程，看懂生命的天赋。

当你通过情绪了解自身需求时，你距离触碰自身天赋的内核已经很近了。你越是讨厌某种情况，就越是渴望与之相反的事物，其本质则在于你曾体验或者想象过后者的美好。你越是追求后者，也就越会熟悉它们，而这些都与你的天赋有关。

天赋包含了你已经兑现的能力，也包括了你没有兑现的潜力，换言之，即便你现在不具备某方面能力，但你对这些能力的热烈渴望，很可能预示你的内在天赋。

“九型人格”理论能帮助你更好地理解情绪和天赋的关系。在这一理论内，2、3、4 号人格中的底层情绪都与悲伤有关。

2 号是助人型人格，为了得到爱，他们会去付出更多，从而换取走进对方内心的位置，以此体现自身价值。

3 号是成就型人格，他们习惯于用形象、成就等直接价值，换取外界的认可、欣赏甚至崇拜。当然，其底层情绪也是希望被爱而害怕被抛弃。

4 号是浪漫型人格，他们以彰显独特性来表现自我，期待有人能明白其内心独特、真实、理想化的自我。

这三种类型的人格里，都隐藏着悲伤情绪的影响。这些人格的力量和天赋，正是借由悲伤情绪而体现。

以 3 号为例，他们除了经常表现出的激情、兴奋等正面情绪，也会在遇到挫折时表现出难过、委屈等负面情绪。正是为了战胜负面情绪，他们才会不断自我激励，当激励发挥到一定程度后，他们就能展现出自我天赋，去成就和关爱外部世界。

同样，恐惧和愤怒情绪也隐藏着与其表面相悖的天赋。恐惧表达着焦虑、担忧等，而愤怒表达着缺乏控制感。你希望战胜这些并产生了需求，也就说明你具有对应的天赋。

如果你恐惧无知，你的天赋就是智慧；如果你恐惧不确定性，你的天赋就是洞察；如果你经常被愤怒情绪所困扰，说明你的最大需求是有序和控制，也体现出你最大的天赋就是力量。

当负面情绪出现时，你的天赋也在萌发。情绪不仅揭示你的需要，也能帮助你发现深层的自我。更重要的是，通过研读他人的负面情绪，你还能理解他们的特点，更好地与每个人相处。

积极表达，让负面情绪变有益

身处社会，每个人都需要随时随地进行自我表达。但是，许多人受到情绪冲击的影响，无法打开通往正确表达的大门。他们经常如同身处漩涡，挣扎不已，还会将周围的一切都拉进旋涡造成伤害。在职场和家庭，随意发泄负面情绪，导致付出代价的案例，可谓屡见不鲜。

为了避免重蹈覆辙，你需要学会表达情绪，而非情绪化表达。

情绪化表达只能表达情绪

想学会正确表达情绪，就要先了解什么是情绪化表达。若在表达自我意图时伴随下列特点，就是情绪化表达。

首先，表达形式体现出明显的负面情绪，例如，语气抱怨指责、肢体动作幅度过大、表情焦虑愤怒等。

其次，表达内容带有非理性、夸张、极端的特点。你可能会采用刻意激怒甚至伤害对方情感的词语来表述看法。如果对方与你能抗衡，局面就会变成互相伤害；如果对方比你弱小，就会导致其恐惧和伤痛。

观察身边发生过的不愉快事情，你会遇见许多情绪化表达造成的导火索。如果将视角扩大，你会发现曾经成为网络热点的负面新闻，也和情绪化表达有密切关系。情绪化表达程度越深，造成的损失可能越大。

相比之下，正确地表达情绪能提高有效减少损失的概率。表达情绪应该是心平气和的，能理性说出自己的情绪和感受。表达者可以给情绪命名，也可以用描述、比喻的方式来传递自身感受。

正确地表达情绪，能不卑不亢表明自身态度，让对方留意到你的情绪变化并有所改变，从而避免相互伤害。此外，表达情绪还能提醒自身不要陷入大脑编织的幻想中，不去盲目争辩对错，也不是任由情绪来掌控自己的说话内容。

相比情绪化表达，表达情绪更能让人接受，既能达到沟通想要的效果，又能避免互相伤害。

表达情绪的步骤

情绪是“乘客”，表达是“列车”，“乘客”想要成功抵达目的地，就要遵循正确的登车程序。因此，正确表达情绪，应该遵循一定的步骤。

第一步，关注当下。

当你开始陷入负面情绪时，脑海中充斥着过去和未来。但只有关注当下，你才能跳出情绪。关注呼吸，就是你关注当下的最好路径。

你可以感受气息如何从鼻孔进入，经过呼吸系统，深吸入丹田，再从鼻孔缓缓流出。当你感受到气息进出的过程时，应该停止所有思考。

有的人只要稍事关注呼吸，就能停下情绪，也有人要关注几轮呼吸才可以。

第二步，命名情绪。

很多情况下，当你意识到自己的负面情绪并对之准确命名时，你的负面感受就会瞬间缓解。

心理学家威廉·詹姆斯在《心理学原则》一书中写道，当一个人说出“我感到很愤怒”时，他的情绪状态已经完成了转变：从茫然无知的生气状态，转化到可以具体清晰描述情绪特征的状态。

如果你总是在担心工作业绩、收入支出、孩子成绩、家人身体，你就更容易陷入无效忙碌中。问题没有解决，负面情绪也没有消失。但是，当你懂得用“焦虑”命名情绪状态时，你就会将注意力从一件又一件具体的事情上转移开，集中到对情绪的管理上。

第三步，合适表达。

避免随意发泄情绪，就要选择合适的语言来表达。当你表达负面情绪时，可以直接说出自己对情绪命名的内容，也可以用描述、比喻、对比等修辞方式来描述情绪感受。

在家庭里，当配偶对你大呼小叫，让你很生气时，你会如何表达？情绪化表达是："你吼什么？不懂得尊重人吗？真是有病！"你越是如此，就越是容易激化矛盾。而合适的表达则是："你在生气，我现在也很生气！"这是对自我和对方的情绪进行了命名，并加以表达，从而有效降低了双方的愤怒程度。

在职场上，下属搞砸了原本很简单的事情，让你倍感不满。你又会如何表达？情绪化表达是："我要你有什么用？连这么简单的事情都做不好！"合适的表达则是："我现在对你很失望，也很生气，我认为你不应该搞砸的。"

用合适的语言词汇来表达情绪，对自己、他人的状态都能起到平复作用，并迅速改善双方的关系。

发挥负面情绪的价值

学会积极表达，不仅能消减负面情绪带来的不良感受，还能更进一步发挥负面情绪的价值。

以愤怒为例，人们与愤怒情绪的关系，可以分为四个层次。

层次一，产生愤怒情绪后，无法控制自我，说出过激话语、作出过激行为。

层次二，产生愤怒情绪后，能及时控制。但是，随着时间积累、矛盾激化，愤怒会越来越多，导致在某个时间段突然失控。

层次三，偶然产生愤怒情绪，但能有意识调节和管理负面情绪。

层次四，偶然产生的愤怒情绪，不仅不会造成困扰，反而能积极运用愤怒的力量，解决问题和矛盾。

只有当你达到层次四后，才能发挥愤怒情绪的价值。

愤怒情绪可以表明身体所处状态的信号，正常的愤怒情绪表达足以让对方认识到自身的错误，并主动提出解决办法。

愤怒的情绪既能让人处于准备争斗的状态，也能向对方传递威慑力，从而终结争斗的可能。正确传递愤怒的情绪非常重要，它能帮助你向他人展示内在力量、传递正确的信号，解除争斗的可能。对人类整体而言，冲突既浪费资源，又具有高风险性。即便社会文明已如此发达，但依然存在争斗的可能，其中大部分都是通过一方由于感受到另一方愤怒而予以妥善解决。这种现象从远古时期传承到今天，见证了人类的进化历史，减少了争斗带来的损失。

不仅是愤怒，负面情绪几乎都具备如此作用：既能让你处于预备力量的状态，也能向外传递你的预备信号。但是，如何才能正确进入层次四状态，从而积极运用负面情绪的力量呢？其方法主要包括如下三个要点。

要点一，用行为来带动情绪。

情绪并非凭空而来，它和肢体行为密不可分。人们惯于认为情绪产生后，肢体语言才会随之配合。例如，人们先愤怒，随后才会拍案而起、摔门而去。实际上，即便你并没有那么愤怒，但在主动做动作后，愤怒情绪也会随之增加了。

肢体行为也包括面部微表情。例如，当你眉头紧锁、眼睛向下时，你就会感到莫名的焦虑、紧张。

在必要情况下，主动运用适当的肢体行为，就能表现出负面情绪的力量和信号。

要点二，用语音语调来带动情绪。

语音、语调与情绪之间的关系也同样微妙。一方面，情绪会影响语音语调的变化，例如，当你愤怒时，声音就会变大；另一方面，语音语调的变化，又会促进情绪的表达。因此，在必要情况下，你可以改变语音语调，向外界传递情绪变化。

例如，当你在开会讲话时，面对心不在焉的下属，你加重了语音语调。你虽然没有直接表现出愤怒感，但其中传递的力量信号就会引起他们足够重视。

要点三，保持头脑清醒觉知。

并不是所有人都能进入与负面情绪相处的最高层次。如果一个人对自身的觉察和控制能力不行，会很容易在表达负面情绪的道路上过界，作出令人后悔的表达行为而无法收场。因此，你需要时刻保持头脑，清醒地觉知自我，才有能力对负面情绪的表达收放自如。

表达负面情绪确实有价值，但负面情绪终究是一把双刃剑。你必须心怀善意积极运用，才能保证拥有宝贵的善良和真诚，这才是运用负面情绪价值的根本原则。

3N 情绪管理法助你战胜负面情绪

没有人能做到完全不被他人情绪所影响。当别人对你生气时，你很容易产生相似的愤怒；当别人催促时，原本并不着急的你却莫名其妙地感到慌张；当别人在你眼前落泪时，你也会随之难过……其实，被他人的情绪所影响并非脆弱，反而证明你情绪健全。正常人被他人情绪所影响，是典型的共情现象，它代表着人类的同理心、慈悲心。

然而，大多数情况下，你不会期待被他人负面情绪所影响。别人生气时，你更希望能淡定应对。别人慌张时，你更希望能临危不乱。你希望内心有坚定的力量去保持自我独立，甚至平息他人的负面情绪。

这意味着两个目标：第一，当对方向你输出负面情绪时，你不必被引发类似情绪。第二，你有合适方法来应对。

事实上，完全不被引起负面情绪并不现实，但你通过合适方法能降低负面情绪。同样，只有不被引起负面情绪，你才能准确运用方法来应对。因此，这两大目标是统一的。

3N 情绪管理法

你可以运用 3N 情绪管理法，实现上述目标。

第一个 N 是“Name”。当别人向你发泄负面情绪时，你要在内心对其情绪进行命名。命名的过程能让你迅速平静，减少受到的影响。

第二个 N 是“Not Listen”，你要给自己“我不听”的心理暗示，即不要在内心复述对方所说的内容。对方处于负面情绪支配下而随口说出的话语，如果你听进去，会将其中的负面信息放大到极端，但实际上那并非对方真正的想法。

第三个 N 是“Nomal”，你要认为对方产生类似情绪是正常的，并愿意接纳。自然，从你的角度，很可能认为对方不应该产生负面情绪，但从对方角度出发，必然认为理所应当才会产生负面情绪。不配合的同事、哭闹的孩子、不愿意听你解释的配偶……他们都会从自身角度出发来看待问题，并产生负面情绪。

不妨设想下面三个场景，看看是否能对应使用上述情绪管理法。

场景一，你的孩子哭闹不休，打扰了你加班工作。你开始烦躁地吼孩子。

场景二，你的同事对项目进展感到忧虑，开始不停抱怨，却没有任何建设性内容。你一言不发，紧皱眉头，用表情传递对其的不满情绪。

场景三，你的爱人愤怒地指责你，认为你不再爱她，或者指责你的行为错误。你反唇相讥，随即开始争吵。

之所以出现上述情形，正是因为你被对方的负面情绪所影响，作出了错误的应对。当然，如果你具有讨好型人格特点，你表面上会选择妥协，但实际上却会在内心积累压力，造成更大的心理破坏。

采用 3N 情绪管理法，你能轻松应对上述场景。

在场景一，首先你可以命名孩子的情绪为“烦躁”。其次暗示自己“我不听”，从而冷静下来。最后你明白，孩子在表达正常的需求，你需要做的是找出并满足孩子的需求。

在场景二，首先你可以命名同事的情绪为“焦虑”。其次暗示自己不会跟随其情绪。最后接纳同事的慌张态度。你可以从他的性格、经历、能力去分析，从而理解他的情绪。

在场景三，配偶指责你之后，首先你要对其情绪命名为“抱怨”。其次暗示自己没有听进去，因此不反驳。最后接纳配偶的不满情绪，从她的角度理解其情绪的正常性。

只能管理好自我情绪是远远不够的，外界会认为你永远在独善其身而对他人没有帮助。相反，当你真正擅长运用 3N 情绪管理法之后，你会开始建构出更好的自我。

负面情绪平复法

运用 3N 情绪管理法能避免你紧随他人的负面情绪，在熟练掌握这一方法后，你可以用下面的步骤去合理应对和平复他人情绪。

步骤一，与对方核对命名结果。

在第一个 N 中，你学会了命名他人的负面情绪，但仅仅如此是不够的。现在，你要将之表述出来，与他人进行核对。

你可以说“你现在是不是很生气？”注意，要使用设问句而不是感叹句、反问句、否定句。设问句可以表现出你对对方的关切情绪，此时对方会感到自己被重视、看见和理解了，其负面情绪的表现水平会随之降低。

步骤二，了解对方需求。

当对方处于负面情绪操纵之下，通常不会直接表达想要什么，而是更看重不想要什么。例如，悲伤的人通常会说“我不希望失去……”，而不会说“我希望得到……”；愤怒的人会说“你不能……”，而不会说“你应该……”。因此，当你想要平息对方负面情绪时，你可以直截了当地说出他真正想要什么，也可以通过询问来引导他自己注意到这些需求。

步骤三，应对对方的负面情绪。

正确应对对方负面情绪的重点在于安慰和理解。安慰，意味你要认同对方感受，表示愿意陪伴其体验。理解，代表你懂得对方为何产生这些负面情绪，并能在此基础上提出应对的方法。

某次，我坐飞机出差，途中飞行员突然改变了目的地。乘客们纷纷表示抗议，生气地询问为什么要擅自改变目的地。乘务员立即用播音系统广播：“原目的地上方有雷暴且下方能见度很低，直接降落可能会出现危险。我们已经在上方盘旋许久，继续下去会导致航油不足。我们理解大家的情绪，但我们必须先落地加油再寻找更好的方案，建议大家耐心等待。”

当这段播音结束后，乘客们立刻安静了。因为他们发觉自己的负面情绪被安慰、被理解，并看到了解决问题的办法。

生活中，普通人会陷入负面情绪的泥淖中，但高手不仅不会如此，还能运用多种方法平息他人的负面情绪。如果你希望成为优秀的工作者、领导者，如果你想拥有幸福的家庭，不妨从现在开始，走向情绪领域的助人之路。

调动情绪能量的四大要点

在这个时代，积极情绪是一种财富，能调动他人积极情绪是一种宝贵的能力。当你拥有这样的能力，就能激发身边人的精神活力，并从中收获良多：如果你是领导，员工会因此而激发干劲；如果你是父母，孩子会因此而愿意听从教导、愿意亲近家人；如果你看重朋友，他们也会因此而与你相处，与你交流……掌握调动他人积极情绪之后，你更容易成为事业、生活、家庭的领导者，成为能量汇聚进程的引领者，也就获得了更多社会认可的价值。

调动他人的积极情绪，主要有以下四大要点。

认可与共情

共情的前提是认可。如果没有认可，你就会发现自己和他人始终处于不同的情绪频道上。他人不了解你的意图，你也不想听他们说话。你们虽然使用同一类语言，甚至选用同一种术语，但双方还是隔着深厚的迷雾，你无法走过去，对方也不敢走过来。如果处于这种状态，你自然无法激活其积极情绪。

想打破这种状态，你必须先认可他人会产生情绪这一简单的事实，并且关注和理解他们的情绪，这就是共情。

很多有经验的领导，在面对突发事件时，最先做的不是批评和指责员工，而是先表示共情。他们会说：“各位同事，今天这件事，你们会感觉很生气。我对此非常理解，我也很不想看到这样的局面。”寥寥数语表达出的共情，可以迅速平息员工的愤慨。

简单而言，你不能将身边的人看成“工具”或“符号”，不能既想借助他们的力量，又忽视他们的情绪。事实上，任何人产生和表达情绪是最正常的事情。你只有先认可其情绪，感受其体验，才是尊重别人的表现。

欣赏与赞美

赞美起源于欣赏。美国著名心理学家威廉·詹姆斯说：“人类本性上最深的企图之一是期望被赞美、钦佩、尊重。”每个人都需要被欣赏和赞美，赞美不仅能让人心理获得满足，还能有效缩短人和人之间的距离。正如汽车需要不停加油才能奔驰那样，赞美意味着给人加油来调动正面情绪。

在“高情商沟通训练营”课程里，我曾将赞美分成 A、B、C 三类。A 类赞美是笼统评价，B 类赞美是细节评价，C 类赞美则是对感受的评价。其中，A 类赞美侧重于整体价值判断，如“你作业完成得真好”等。B 类赞美则会描述客观细节，如“你这道题目的步骤很细致”等。C 类赞美则会描述主观体验，如“我看到你的作业本，我感觉心里很高兴，我为你的表现而骄傲”。

如果将这三类赞美结合起来，就能形成让对方新生喜悦的赞美，从而迅速调动他人的正面情绪。

愿景与期待

愿景建立在期待上，是对未来发展预期的想法。这种想法能给人努力完成任务的动力，并由此影响到成员和集体的关系。尤其在企业组织里，一旦有了愿景与期待，员工就有了施展个人能力的理由。

在优秀的领导者看来，很多情况下重金、高薪也不一定能真正吸引那些才华出众的人，但愿景与期待能让他们心甘情愿地和公司共进退。愿景和期待能让员工感受到具体的目标，同事理解自身所承担的责任，此时他们为了不辜负目标和责任，就会产生积极情绪。

在电视剧《都挺好》中，女主角苏明玉刚毕业就进入了公司。由于其缺少经验，工作出现失误，导致公司亏损了 30 多万元。以苏明玉当时的薪资根本就赔不起，等待她的只有司法诉讼和处罚的可能。苏明玉因此陷入人生谷底，她情绪绝望，甚至想到了自杀。此时，她的师父及时找到她，表达了期待。不仅如此，师父还用愿景引导她看向未来，鼓励她重新开始。就这样，苏明玉重新调动了正面情绪的能力，开始积极拼搏，最终获得了成功。

当然，愿景和期待并不仅仅用于企业。在日常生活和工作中，只要你能真切地将愿景和期待传递给身边人，都会产生良好效果。

奖励与惩罚

奖惩手段不仅要应用在对个人和组织管理过程中，也要运用于到积极情绪的引导上。

每个人都曾接受过来自父母的奖惩。试着回想一下，在你的童年成长过程中，哪些奖惩为你带来了最大的正面影响？毫无疑问，是那些点燃了你积极情绪的奖惩。

例如，当孩子本次的考试成绩比上次好时，父母及时给予奖励。尽管他的成绩并没有比其他人更好，他还是体会到了进步带来的兴奋，感受到积极情绪的回馈作用。这样的奖励就是有效的。

如果孩子考试成绩虽然不错，但相对原有水平大幅度下降，父母也要及时进行惩罚。惩罚并非责骂，而是要帮助孩子看清错误和缺点，形成知耻而后勇的积极情绪。

合适的奖惩手段，即古人所说的“恩威并施”。无论是父母对孩子，还是上级对下级，或是甲方对乙方，都应重视这种引导积极情绪的方法。在应该奖励的时候奖励，在需要惩罚时惩罚。在某些时候，安慰比惩罚更有效，但另一些情况下，惩罚比安慰则更为立竿见影。这就需要你懂得如何分辨运用效果，让对方感到受重视、受尊重的同时，又有收益、有目标。唯有如此，才能不断激发对方的积极情绪，让他们愿意以你为核心凝聚成整体。

活在当下，平静的宝贵价值

当代社会，大多数人都在面对紧张的生活节奏、沉重的工作压力，人们曾梦想如隐士般寻得世外桃源，但发现终究还是要面对柴米油盐。其实，拥有平静情绪，才是更为重要和现实的。

活在当下的能力

平静情绪的最大价值，在于保持活在当下的能力。有这样一个故事。

小和尚问："师父，我们修行这么多年，究竟是修行什么呢？"

老和尚答："修行后，我们吃饭时吃饭，劈柴时劈柴，睡觉时睡觉。"

小和尚奇怪地说："我们以前不是这样？"

老和尚说："修行之前，我们吃饭时想着劈柴，劈柴时想着睡觉，睡觉时想着吃饭。”

这个故事阐明了“活在当下”的重要。当你活在当下，心境集中于眼前的事务，情绪安宁平和，烦恼也会随之消失。

如何让自己保持活在当下的状态呢？可以借助两种方法。

方法一，设立专门的平静时刻。

可以根据自身日程特点，设立专门的平静时刻。例如，每天下班后，可以选择半小时，什么也不做、什么也不想，体验内心的平静安宁。

方法二，在日常生活中寻找平静。

无论因何事忙碌，都可以寻找平静的状态，其奥秘在于专注。

当你去喧闹的餐馆就餐，可以只专注于眼前的食物。

当你在家陪伴孩子，只需要思考与孩子有关的问题。

当你开始写作，唯一重视的是眼前这篇文章。

这样，无论你在做什么，都能调动全身心精力应对当下的事务，从专注的状态中汲取平静力量。

专门的平静时刻

创造专门的平静时刻，可以运用如下三种方法进行。

方法一，创造令人平静的环境。

外在环境会影响到人们的内在情绪。你需要先创造适当的外在环境，再置身其中而获得平静。

你可以在工作日午饭后找个安静的角落，用耳机听听音乐，哪怕只是十分钟。你也可以在家找到单独的房间休息、发呆，享受独处时刻。你还可以在周末独自去图书馆、咖啡厅，在没有人认识你的地方重新集中注意力。

这些环境的共同特点是没有人际关系、没有事情的打扰，你也就更容易进入当下的平静时刻。

方法二，进行令人平静的活动。

如果时间充足、环境合适，可以专门从事特殊活动，从中获得专注当下的重要体验。阅读、瑜伽、太极、慢跑、听音乐、钓鱼、绘画等相对舒缓的运动都能产生类似效果。

方法三，进行令人平静的训练。

令人平静的训练多种多样，正念冥想是其中典型。近年来，随着正念心理学风靡全球，越来越多的人开始从事这种训练。

你可以找个安静、舒适的环境，让自己坐在沙发、凳子或者床上。记住要将手机拿开，然后将注意力放在你身体的后背上。当你的上半身竖直而放松后，开始缓缓深呼吸并引导注意力。

将注意力放在脚掌部分，感受脚掌如何与鞋袜或地面接触。你想象那里有一道暖流逐渐生成，暖流逐渐向上来到你的脚踝、小腿、膝盖。随后，来到你的大腿和臀部、腰部。你可以放松腰部，感受呼吸，再去感受你肩背是如何放松的。

继续放松，让这股暖流流经你的肩膀、颈部，直到你的头部。你可以感受到这股暖流如同阳光那样映照你的大脑，让你的思维变得清晰，身体变得轻盈。

随着这股暖流的流动，你的身体会变得更加舒适和放松，呼吸也会变得更加自然和深沉。你仿佛置身于一个安静而祥和的世界中，只有你和你的呼吸，以及你的身体和那股暖流。

当你准备好时，可以慢慢地睁开眼睛，回到现实的世界。你会发现，身体变得更加轻盈，思维变得更加清晰。这就是通过放松和感知自己的身体，达到了关注当下的宁静状态。

这样的冥想练习没有时间限制，你可以做一个小时，也可以做几分钟。哪怕只是偶尔享受五分钟的美好状态，也能帮助你恢复情绪的平静。

日常的平静时刻

“行住坐卧皆是禅。”其实，追寻平静并没有那么困难。理论上，无论你做任何事情时，都能进入“活在当下”的状态。

然而，理论只是理论，“吃饭时吃饭”看似简单，但在生活现实中却很罕见。有人吃饭时总要拿出智能手机，有人吃饭时要谈八卦、谈合作，还有人吃饭时胡思乱想……然而，如果连吃饭时都无法关注当下，自然始终活在过去的回忆和伤痛中，遭受负面情绪的困扰。相反，“活在当下”，始终关注当下，才是积极的人生态度。这能让你保持清醒的头脑，也能凭借愉悦的情绪获得平静的力量。

想要在应对繁杂事务时始终关注当下，就要学会打开你的“第三只眼睛”，又名“内部观察者”。

“内部观察者”从何而来？它来自你的内心。

人们除了用两只眼睛了解外部世界，也应该用“第三只眼睛”去观察内心。每个人都属于世界，时刻受到世界的影响，当环境变化时，自我也会随之变化。此时，你应试着从内部角度来观察自己，透视一举一动，为自己提供选择的机会。当“内部观察者”开始平静观察时，你就有更大的机会关注当下。

训练“内部观察者”并不困难，只需要你抓住每个点滴机会。当有麻烦困扰你，让你胡思乱想、无法平静时，当有干扰因素分散你的注意力，让你总是难以关注重要事情时，就是最好的训练时机。无论你此时的情绪是痛苦、愤怒、焦虑还是恐惧，你的“内部观察者”都应保持平静，仿佛站在身体之外，安稳、客观、理性地观察自己的表现。如果你能做到这一点，就意味着你打开了“内部观察者”的视角，开启了生命的更高维度。

几年前，我太太怀孕，家里的阿姨返乡过年。我承担起家务活，打扫卫生、做饭买菜……最不喜欢的事就是洗碗刷锅。每次想到这件事，我都会感觉烦躁痛苦。这次，我打开了“内部观察者”视角。

我观察水流冲在手上的感觉。通常，手部皮肤会在此时感到冰凉，忍不住想要缩回来。但当我开启第三只眼去观察时，我知道自来水不会将我冻伤，我可以安全无虞地观察手到底有多冷。

我一边观察，一边轻柔地用洗碗毛巾擦洗碗碟，感受毛巾、碗和水流之间的接触。我拿着毛巾轻柔地转动着碗，此时我的所有注意力都集中在事情本身，通过变换洗碗的力度和速度，更换不同的感受。外部世界对我而言并不重要了，轻重缓急的改变，才是最大的变化。

一次普通的洗碗，只需要十来分钟就能结束。但这次洗碗，我花费了半个小时。我用“第三只眼睛”见证了整个过程，没有感到内心的丝毫抗拒。相反，我仿佛感到碗碟拥有了生命，洗碗这件事也产生了美好的意义，它们共同给我带来了平和喜乐。

这样的状态，其实就是积极心理学家米哈里·契克森米哈赖在其著作《心流》中写到的“心流时刻”。人类内心幸福的最高境界，就是创造出“心流时刻”。当这一时刻到来，你会完全忘记自我和环境，全身心地沉浸于当下、专注于目标。你的“第三只眼睛”与自己合二为一，相互并不冲突。

“心流时刻”不会意外到来，它总是来自有意识的创造。你可以在生活中的任一时刻，选择任一事情去专注、认真并缓慢地完成，实现日常的平静状态。

后　记

《善待情绪：听见内心的声音》是我的第二本实用心理学书籍，第一本是《搞定自己》，出版于 2016 年。这两本书出版的时间隔了九年，这期间我的心境发生了许多变化。从年轻气盛的“搞定”，到四十不惑的“善待”，精准诠释了我这些年内心的成长。其实最初我聚焦“情绪”这个主题，并且进行线上教学时，是在 2019 年，那时候的课程名称叫作《高源的 50 堂情绪管理课》，在喜马拉雅 APP 上有 11.3 万人订阅了这个课程专栏，那时候我就体会到“情绪”已成为全民关注的热门话题。但那时，我使用的是“情绪管理”这样比较中性的词汇。直到 2024 年我在反复修改稿件的时候，“善待情绪”“善待自己”这两个词不断地在我头脑中浮现，对啊，今天的人们活得太累了！我们真的要善待自己了，尤其是善待自己的情绪！我希望，这本书的书名本身，就能给读者带来一些放松和温暖的感觉。

写这本书的过程，是一个充满挑战与自我超越的整体升华之旅。最初的第一稿，虽然其核心内容植根于我的《高源的 50 堂情绪管理课》，但要将这些实战经验转化为一部更加严谨、系统的学术作品，其难度远远超出了预期。我深知，仅凭原有的素材不足以支撑起一部厚重的书籍，它需要的是更强的理论深度、更加宏大的框架来构筑根基。因此，我投入了大量的时间与精力，不仅重新梳理了原有的内容，更将其中的重点篇章进行了深度挖掘与丰富，力求每一章节都能成为读者心中的明灯。

同时，我需要将原本口语化、生动有趣的课程内容转化为书面语言，这意味着我需要大幅度重塑语言风格，使之既保持原有的实用性，又兼具学术的严谨性。这一过程无疑是痛苦而漫长的，但每一次的修改与调整，都让我离心中的理想之作更近了一步。

在此，我要特别感谢成书过程中给予我无私帮助的刘峰老师，他给予我很多专业指导与宝贵建议。同时，也深深感谢出版社老师们的用心反馈与辛勤付出。正是有了你们的支持与鼓励，我才得以克服重重困难，最终将这部作品呈现在读者面前。

这本书我特别想要感谢的，是我在线上线下教学过程中所遇到的一位位学员，正是因为他们的信任，才让我有机会听到许多故事，见证无数的生命成长。书中许多描述情绪的场景，我未必记得清是哪一位学员讲述的，但一定是直接或间接的具体案例，正是因为这些案例的真实和普遍代表性，才让这本书是“简洁、有效”的。

我还要特别感谢我的爱人。爱与陪伴，赋予一个人可以穿越阴霾的巨大力量，爱人对于我无条件的支持，不仅让我对于“情绪”这个主题有细致而深刻的理解，还让我越来越体会到知行合一的生命体验。爱的旅程，深刻而伟大。

最后，感谢所有支持我、信任我的家人、同事和朋友们。愿我们都能善待情绪、善待自己，尽情体会生命的温情和美好！